# 环境工程与生态修复研究

张东东　俞华勇　何素娟 ◎著

吉林科学技术出版社

图书在版编目（CIP）数据

环境工程与生态修复研究 / 张东东，俞华勇，何素娟著. -- 长春 : 吉林科学技术出版社，2022.4
ISBN 978-7-5578-9536-5

Ⅰ. ①环… Ⅱ. ①张… ②俞… ③何… Ⅲ. ①环境工程一研究②生态恢复一研究 Ⅳ. ①X5②X171.4

中国版本图书馆 CIP 数据核字(2022)第 117203 号

# 环境工程与生态修复研究

著　　张东东　俞华勇　何素娟
出 版 人　宛　霞
责任编辑　杨雪梅
封面设计　金熙腾达
制　　版　金熙腾达
幅面尺寸　185mm×260mm
开　　本　16
字　　数　274 千字
印　　张　12
印　　数　1–1500 册
版　　次　2022年4月第1版
印　　次　2022年4月第1次印刷

出　　版　吉林科学技术出版社
发　　行　吉林科学技术出版社
地　　址　长春市南关区福祉大路5788号出版大厦A座
邮　　编　130118
发行部电话/传真　0431-81629529　81629530　81629531
81629532　81629533　81629534
储运部电话　0431-86059116
编辑部电话　0431-81629510
印　　刷　廊坊市印艺阁数字科技有限公司

书　　号　ISBN 978-7-5578-9536-5
定　　价　48.00 元

# 前言

科学技术的进步和全球经济的迅猛发展，在极大地改善了人类社会生活质量的同时，也带来了环境污染和生态恶化等一系列威胁人类生存的问题，从而引起了世界各国对环境、生态、可持续发展等领域的广泛关注。保护全球环境，实施可持续发展，已成为人类社会的共识。作为人口最多的发展中国家，解决好环境问题，既符合中国自身可持续发展的长远目标，也是人类社会共同利益的重要体现。随着工业化脚步的逐渐加快和城市化进程的不断推进，环境污染问题已成为全球性问题，引起了各界的强烈关注，因而对受污染的环境进行治理、修复和再生显得尤为重要。对于污染环境的治理问题，除传统的物理和化学方法以及逐渐成熟的生物方法外，人们也在极力探索解决问题的新方法和新途径，并试图让环境保护与发展二者相协调，恢复生态学和污染生态学由此应运而生。

生态修复是在生态学原理指导下，以生物修复为基础，结合各种物理修复、化学修复以及工程技术措施，通过优化组合，使之达到最佳效果和最低耗费的一种综合的修复污染环境的方法。生态修复的顺利施行，需要生态学、物理学、化学、植物学、微生物学、分子生物学、栽培学和环境工程等多学科的参与。对受损生态系统的修复与维护，涉及生态稳定性、生态可塑性及稳态转化等多种生态学理论。利用恢复生态学和污染生态学的原理和方法来解决环境问题备受瞩目，相关报道不断出现。针对这些现实状况，作者撰写了此书。

本书从环境与环境污染入手，首先介绍了生态系统与环境保护，然后对污水处理控制工程、物理性及土壤污染控制工程、固体废弃物控制工程、水生态保护与修复技术、湿地生态修复、海洋和海岸带生态系统修复以及农村水环境生态治理修复进行了详细的探讨。本书主题明确、结构合理，内容全面、富有创新，对指导相关专业工作者具有很重要的意义。

# 目录

# 第一章　环境与环境污染

## 第一节 环境基础知识

### 一、环境的概念

环境是相对于中心事物而言的，是相对于主体的客体。环境是指影响人类生存和发展的各种天然的和经过人工改造的自然因素的总体，包括大气、水、海洋、土地、矿藏、森林、草原、野生生物、自然遗迹、人文遗迹、风景名胜区、自然保护区、城市和乡村等。

在环境科学领域，环境的含义是以人类社会为主体的外部世界的总体。按照这一定义，环境包括了已经为人类所认识的直接或间接影响人类生存和发展的物理世界的所有事物。它既包括未经人类改造过的众多自然要素，如阳光、空气、陆地、天然水体、天然森林和草原、野生生物等；也包括经过人类改造过和创造出的事物，如水库、农田、园林、村落、城市、工厂、港口、公路、铁路等。它既包括这些物理要素，也包括由这些要素构成的系统及其所呈现的状态和相互关系。

环境是人类进行生产和生活的场所，是人类生存和发展的物质基础。人类对环境的改造不像动物那样，只是以自己的存在来影响环境，用自己的身体来适应环境，而是以自己的劳动来改造环境，把自然环境转变为新的生存环境，新的生存环境再反作用于人类。人类的生存环境不是从来就有的，它的形成经历了一个漫长的发展过程。我们赖以生存的环境，就是这样由简单到复杂，由低级到高级发展而来的。它既不是单纯地由自然因素构成，也不是单纯地由社会因素构成。它凝聚着自然因素和社会因素的交互作用，体现着人类利用和改造自然的性质和水平，影响着人类的生产和生活，关系着人类的生存和健康。

人类对自然的利用和改造的深度和广度，在时间上是随着人类社会的发展而发展的，在空间上是随着人类活动领域的扩张而扩张的。虽然，迄今为止，人类主要还是居住于地球表层，但有人根据月球引力对海水的潮汐有影响的事实，提出月球能否视为人类生存环境的问题。现阶段没有把月球视为人类的生存环境，任何一个国家的环境保护法也没有把月球作为人类的生存环境，因为它对人类的生存和发展影响很小。随着宇宙航行和空间科学技术的发展，总有一天，人类不但要在月球上建立空间实验站，还要开发利用月球上的自然资源，使地球上的人类频繁往来于月球与地球之间。到那时，月球自然就会成为人类生存环境的重要组成部分。所以，人们要用发展的、辩证的观点来认识环境。

## 二、环境的分类和组成

### （一）环境的分类

环境是一个庞大而复杂的体系，人们可以从不同的角度或以不同的原则，按照人类环境的组成和结构关系将它进行不同的分类。

按照环境的范围大小，可分为特定的空间环境、车间环境、生活区环境、城市环境、区域环境、全球环境和星际环境等。

按照环境的要素，可分为大气环境、水环境、土壤环境、生物环境和地质环境等。

按照环境的功能，可分为生活环境和生态环境。

按照环境的主体，可以分为两种体系：一种是以生物体（界）作为环境的主体，而把生物以外的物质看成环境要素（在生态学中往往采用这种分类方法）；另一种是以人或人类作为主体，其他的生物和非生命物质都被视为环境要素，即环境指人类生存的氛围。在环境科学中采用的就是第二种分类方法，即趋向于按环境要素的属性进行分类，把环境分为自然环境和社会环境两种。自然环境是社会环境的基础，而社会环境又是自然环境的发展。自然环境是指环绕人们周围的各种自然因素的总和，如大气、水、植物、动物、土壤、岩石矿物、太阳辐射等。自然环境是人类赖以生存的物质基础。通常把这些因素划分为大气圈、水圈、生物圈、土壤圈、岩石圈五个自然圈。人类是自然的产物，而人类的活动又影响着自然环境。社会环境是指人类在自然环境的基础上，为不断提高物质和精神文化生活水平，通过长期有计划、有目的的发展，逐步创造和建立起来的高度人工化的生存环境，即由于人类活动而形成的各种事物。

### （二）环境的组成

人类的生存环境，可由近及远、由小到大地分为聚落环境、地理环境、地质环境和星际环境，形成一个庞大的多级谱系。

1. 聚落环境

聚落是人类聚居的场所、活动的中心。聚落内及其周边生态条件，成为聚落人群生存质量、生活质量和发展条件的重要内容。聚落及其周围的地质、地貌、大气、水体、土壤、植被及其所能提供的生产力潜力，聚落与外界交流的通达条件等，直接影响着区域内居民的健康、生活保障和发展空间。聚落的形成及其在不同地区、不同民族所表现的不同模式，是人地关系和区域社会经济历史演化的结果。聚落环境也就是人类聚居场所的环境，它是与人类的工作和生活关系最密切、最直接的环境，人们一生大部分时间是在这里度过的，因此，历来都引起人们的关注和重视。

聚落环境根据其性质、功能和规模可分为院落环境、村落环境、城市环境等。

（1）院落环境

院落环境是由一些功能不同的建筑物和与其联系在一起的场院组成的基本环境单元，如我国西南地区的竹楼、内蒙古草原的蒙古包、陕北的窑洞、北京的四合院、机关大院以及大专院校等。院落环境的结构、布局、规模和现代化程度是很不相同的，因而，它的功能单元分化的完善程度也是很不同的。院落环境是人类在发展过程中适应自己生产和生活的需要，因地制宜创造出来的。

院落环境在保障人类工作、生活和健康，促进人类发展中起到了积极的作用，但也相应地产生了相应的环境问题，其主要污染源来自生活“三废”。院落环境污染量大面广，已构成了难以解决的环境问题，如千家万户的油烟排放，每年秋季的秸秆焚烧，导致附近大气污染。所以，在今后聚落环境的规划设计中，要加强环境科学的观念，以便在充分考虑到利用和改造自然的基础上，创造出内部结构合理并与外部环境协调的院落环境。目前，提倡院落环境园林化，在窗前、房后种植瓜果、蔬菜和花草，美化环境，净化环境，调控人类、生物与大气之间的二氧化碳与氧气平衡。这样就把院落环境建造成一个结构合理、功能良好、物尽其用的人工生态系统。

（2）村落环境

村落主要是农业人口聚居的地方。由于自然条件的不同，以及农、林、牧、副、渔等农业活动的种类、规模和现代化程度不同，无论是从结构、形态、规模上，还是从功能上来看，村落的类型都是多种多样的，如有平原上的农村，海滨湖畔的渔村，深山老林的山村，等等。因而，它所遇到的环境问题也是各不相同的。

村落环境的污染主要来源于农业污染及生活污染源。特别是农药、化肥的使用和污染有日益增加和严重的趋势，影响农副产品的质量，威胁人们的健康，甚至有急性中毒而致死的。因此，必须加强农药、化肥的管理，严格控制施用剂量、时机和方法，并尽量利用综合性生物防治来代替农药防治，用速效、易降解农药代替难降解的农药，尽量多施用有机肥，少用化肥，提高施肥技术和效果。总之，要开展综合利用，使农业和生活废弃物变废为宝，化害为利，发挥其积极作用。除此之外，生产方式的变迁（潜在因素）也是造成村落环境污染的原因之一。城市化的浪潮涉及农村之后，为村民提供了更广阔的就业空间和多样的谋生手段，大部分年轻的村民都去城区打工，村中只剩下留守儿童和老人。有的田地开始荒芜，且相当一部分村民在原来的田地上建造了房屋，水土得不到很好的保持。自来水的推广和普及，使得河水以饮用为主的功能被替代，水体“饮用”功能不断退化。村民维护水和土地的意识不断减弱，面对经济效益的诱惑，个别村民以牺牲环境来维持生计。农村对污染企业具有诸多“诱惑”：一是农村资源丰富，一些企业可以就地取材，成本低廉；二是使用农村劳动力成本很低，像“小钢铁”“小造纸”这样的一些污染企业，落户农村后，一般都以附近村民为主要用工对象；三是农村地广人稀，排污隐蔽。因此，近年来大部分污染企业开始进驻农村，村落环境成了污染企业的转移地。

（3）城市环境

城市环境是人类利用和改造环境而创造出来的高度人工化的生存环境。城市是随着私有制及国家的出现而出现的非农业人口聚居的场所。随着资本主义社会的发展，城市更加迅速地发展起来，世界性城市化日益加速进行。所谓城市化就是农村人口向城市转移，城市人口占总人口的比率变化的趋势增大。

城市是人类在漫长的实践过程中，通过对自然环境的适应、加工、改造、重新建造的人工生态系统。城市有现代化的工业、建筑、交通、运输、通信联系、文化娱乐设施及其他服务行业，为居民的物质和文化生活创造了优越条件，但也因人口密集、工厂林立、交通拥挤等，而使环境遭受严重的污染和破坏，威胁人们安全、宁静而健康的工作和生活。城市化对环境的影响有以下几方面：

①城市化对水环境的影响。

对水质的影响。主要指生活、工业、交通、运输以及其他服务行业对水环境的污染。在18世纪以前，以人畜生活排泄物和相伴随的细菌、病毒等的污染为主，常常导致水质恶化、瘟疫流行：18世纪以后，随着近代大工业的发展，工业“三废”日益成为城市环境的主要污染源。

对水量的影响。城市化增加了房屋和道路等不透水面积和排水工程，特别是暴雨排水工程，从而减少渗透，增加流速，地下水得不到地表水足够的补给，破坏了自然界的水分循环，致使地表总径流量和峰值流量增加，滞后时间（径流量落后于降雨量的时间）缩短。城市化不仅影响到洪峰流量增加，而且也导致频率增加。城市化将增加耗水量，往往导致水源枯竭、供水紧张。地下水过度开采，常造成地下水位下降和地面下沉。

②城市化对大气环境的影响

城市化使城市下垫面的组成和性质发生了根本性变化。城市的水泥、沥青路面，砖瓦建筑物以及玻璃和金属等人工表面代替了土壤、草地、森林等自然地面，改变了反射和辐射面的性质及近地面层的热交换和地面的粗糙度，从而影响了大气的物理状况，如气温、云量、雾量等。

城市化改变了大气的热量状况。城市消耗大量能源，释放出大量热能集中于局部范围内，大气环境接受的这些人工热能，接近甚至超过它从太阳和天空辐射所接受的能量，从而对大气产生了热污染。城市的市区比郊区及农村消耗较多的能源，且自然表面少，植被少，从而吸热多而散热少。另外，空气中经常存在大量的污染物，它们对地面长波辐射吸收和反射能力强，造成城市“热岛效应”。“热岛效应”的产生使城市中心成为污染最严重的地方。随着人们生产、生活空间向地下延伸，热污染也随之进入地下，使地下也形成一个“热岛”。

城市化大量排放各种气体和颗粒污染物。这些污染物会改变城市大气环境的组成。一般说来，在工业时代以前，城市燃料结构以木柴为主，大气主要受烟尘污染：18 世纪进入工业时代以来，城市燃料结构逐渐以煤为主，大气受烟尘、二氧化硫及工业排放的多种气体污染较重：进入 20 世纪下半叶以来，城市中工业及交通运输以矿物油作为主要能源，大气受 $CO_2$、NOx、CH、光化学烟雾和 $SO_2$ 污染日益严重。由于城市气温高于四周，往往形成城市“热岛”。城市市区被污染的暖气流上升，并从高层向四周扩散；郊区较新鲜的冷空气则从底层吹向市区，构成局部环流。这样加强了城区与郊区的气体交换，但也一定程度上使污染物囿于此局部环流之中，而不易向更大范围扩散，常常在城市上空形成一个污染物幕罩。

③城市化对生物环境的影响

城市化严重地破坏了生物环境，改变了生物环境的组成和结构，使生产者有机体与消费者有机体的比例不协调。特别是近代工商业大城市的发展，往往不是受计划的调节，而是受经济规律的控制，许多城市房屋密集、街道交错，到处是水泥建筑和柏油路面，几乎完全覆盖了森林和草地，除了熙熙攘攘的人群，几乎看不到其他的生命，被称为“城市荒漠”。森林和草地消失，公用绿地面积减少，野生动物群在城市中消失，鸟儿也很少见，这些变化使生态系统遭到破坏，影响了碳、氧等物质循环。城市不透水面积的增加，破坏了土壤微生物的生态平衡。

④城市化噪声污染

盲目的城市化过程还造成振动、噪声、微波污染、交通紊乱、住房拥挤、供应紧张等一系列威胁人们健康和生命安全的环境问题。噪声污染是我国的四大公害之一。尤其是近年来随着城市规模的扩大，交通运输、汽车制造业迅速发展，城市噪声污染程度迅速上升，已成为我国环境污染的重要组成部分。

我国本着“工农结合，城乡结合，有利生产，方便生活”的原则，努力控制大城市，积极发展中、小城市。在城市建设中，首先是确定其功能，指明其发展方向；其次是确定其规模，以控制其人口和用地面积；然后确定环境质量目标，制订城市环境规划，根据地区自然和社会条件合理布置居住、工业、交通、运输、公园、绿地、文化娱乐、商业、公共福利和服务等各项事业，力争形成与其功能相适应的最佳结构，以保持整洁、优美、宁静、方便的城市生活和工作环境。

2. 地理环境

地理环境是能量的交错带，位于地球表层，即岩石圈、水圈、土壤圈、大气圈和生物圈相互作用的交错带上，其厚度约 10 ~ 30km，包括了全部的土壤圈。

地理环境具有三个特点：①具有来自地球内部的内能和主要来自太阳的外部能量，并彼此相互作用；②具有构成人类活动舞台和基地的三大条件，即常温常压的物理条件、适当的化学条件和繁茂的生物条件；③这一环境与人类的生产和生活密切相关，直接影响人类的饮食、呼吸、衣着和住行。由于地理位置不同，地表的组成物质和形态不同，水、热条件不同，地理环境的结构具有明显的地带性特点。因此，保护好地理环境，就要因地制宜地进行国土规划、区域资源合理配置、结构与功能优化等。

3. 地质环境

地质环境主要是指地表以下的坚硬壳层，即岩石圈。地质环境是地球演化的产物。岩石在太阳能作用下的风化过程，使固结的物质解放出来，参加到地理环境中去，参加到地质循环以至星际物质大循环中去。

如果说地球环境为人类提供了大量的生活资料、可再生的资源，那么地质环境则为人类提供了大量的生产资料、丰富的矿产资源。目前，人类每年从地壳中开采的矿石达 4 亿立方千米，从中提取大量的金属和非金属原料，还从煤、石油、天然气、地下水、地热和放射性等物质中获取大量能源。随着科学技术水平的不断提高，人类对地质环境的影响也更大了，一些大型工程直接改变了地质环境的面貌，同时也是一些自然灾害（如山体滑坡、山崩、泥石流、地震、洪涝灾害）的诱发因素，这是值得引起高度重视的。

4. 星际环境

星际环境是指地球大气圈以外的宇宙空间环境，由广漠的空间、各种天体、弥漫物质以及各类飞行器组成。星际环境好像距我们很遥远，但是它的重要性却是不容忽视的。地球属于太阳系的一个成员，我们生存环境中的能量主要来自太阳辐射。我们居住的地球距太阳不近也不远，正处于“可居住区”之内，转动得不快也不慢，轨道离心率不大，致使地理环境中的一切变化既有规律又不过于剧烈，这些都为生物的繁茂昌盛创造了必要的条件。迄今为止，地球是我们所知道的唯一有人类居住的星球。我们如何充分有效地利用这种优越条件，特别是如何充分有效地利用太阳辐射这个既丰富又洁净的能源，在环境保护中是十分重要的。

# 第二节 环境相关问题

## 一、环境问题及其分类

### （一）环境问题的概念

所谓环境问题是指由于人类活动作用于周围环境，引起环境质量变化，这种变化反过来对人类的生产、生活和健康产生影响的问题。

### （二）环境问题的分类

按照环境问题的影响和作用来划分，有全球性的、区域性的和局部性的不同等级。其中全球性的环境问题具有综合性、广泛性、复杂性和跨国界的特点。

按照引起环境问题的根源划分，可以将环境问题分为两大类：一类是自然原因引起的，称为原生环境问题，又称第一环境问题，它主要是指地震、海啸、洪涝、干旱、风暴、崩塌、滑坡、泥石流、台风、地方病等自然灾害；另一类由人类活动引起的，称为次生环境问题，也称第二环境问题。第二环境问题又可分为以下两类：

第一类是由于人类不合理开发利用自然资源，超出环境承载力，使生态环境质量恶化或自然资源枯竭的现象。也就是说，人类活动引起的自然条件变化，可影响人类生产活动。如森林破坏、草原退化、沙漠化、盐渍化、水土流失、水热平衡失调、物种灭绝、自然景观破坏等。其后果往往需要很长时间才能恢复，有的甚至不可逆转。

第二类是由于人口激增、城市化和工农业高速发展引起的环境污染和破坏，具体是指有害的物质，以工业“三废”（废气、废水、废渣）为主对大气、水体、土壤和生物的污染。环境污染包括大气污染、水体污染、土壤污染、生物污染等由物质引起的污染和噪声污染、热污染、放射性污染或电磁辐射污染等物理性因素引起的污染。这类污染物可毒化环境，危害人类健康。

## 二、环境问题的产生及根源

### （一）环境问题产生的原因

环境问题产生的原因主要有以下三方面：

1. 由于庞大的人口压力

庞大的人口基数和较高的人口增长率，对全球特别是一些发展中国家，形成巨大的人口压力。人口持续增长，对物质资料的需求和消耗随之增多，最终会超出环境供给资源和消化废物的能力，进而出现种种资源和环境问题。

2. 由于资源的不合理利用

随着世界人口持续增长和经济快速发展，人类对自然资源的需求量越来越大，而自然资源的补给、再生和增殖是需要时间的，一旦利用超过了极限，想恢复是困难的。特别是不可再生资源，其蕴藏量在一定时期内不再增加，对其开采过程实际上就是资源的耗竭过程。当代社会对不可再生资源的巨大需求，更加剧了这些资源的耗竭速度。在广大的贫困落后地区，由于人口文化素质较低，生态意识淡薄，人们长期采用有害于环境的生产方法，而抛开无污染技术和环境资源的管理，如不顾环境的影响，盲目扩大耕地面积。

3. 片面追求经济的增长

传统的发展模式关注的只是经济领域活动，其目标是产值和利润。在这种发展观的支配下，为了追求最大的经济效益，人们认识不到或不承认环境本身所具有的价值，采取了以损害环境为代价来换取经济增长的发展模式，其结果是在全球范围内相继造成了严重的环境问题。

### （二）环境问题产生的根源

从环境问题产生的主要原因可以看出，环境问题是伴随人口问题、资源问题和发展问题而出现的，这四者之间是相互联系、相互制约的。从本质上看，环境问题是人与自然的关系问题。在人与自然的矛盾中，人是矛盾的主要方面，因而也是环境问题的最终根源。因此，分析环境问题的根源应从人着手。环境问题主要来自三大根源：一是发展观根源；二是制度根源；三是科技根源。

1. 发展观根源

发展观根源是指环境问题的产生是由于人们用不正确的指导思想来指导发展造成的。长期以来，人们在发展观上有个误区，认为单纯的经济增长就等于发展，只要经济发展了，就有足够的物质手段来解决各种政治、社会和环境问题。很多国家的发展历程已经表明，如果社会发展不协调，环境保护不落实，经济发展将受到更大制约，因为经济发展取得的部分效益是在增加以后的社会发展代价。如果以“和谐发展观”为指导，在发展过程中注重人与社会、人与自然、社会与自然的和谐发展，则既能兼顾到经济发展的短期和长期效益，又能减少环境问题的产生。从这个意义上说，不正确的发展观和发展观的误区是产生环境问题的第一根源。

2. 制度根源

制度根源是指环境问题的产生是由于环境制度的失败造成的。环境问题之所以产生，就是由于人们生产和消费行为的不合理，而人们生产和消费行为的不合理，是由于没有完善的制度来规范人们的行为和职责。环境制度的失败主要表现在四个方面：一是重污染防治，轻生态保护，即预防污染的法规多，生态保护的法规少；二是重点源治理，轻区域治理，即忽视环境的整体性，头痛医头，脚痛医脚；三是重浓度控制，轻总量控制，即按照制度标准控制排放浓度的限值，而忽视污染物的总排放量；四是重末端控制，轻全过程控制，即重视控制经济活动的污染后果，而轻视经济活动过程中的污染排放。由此可见，制度的不完善或不合理是环境问题产生的根源之一。

3. 科技根源

科技根源是指环境问题的产生是由于科学技术的负面作用引起的。科技的发展在给人类的生产、生活带来极大便利的同时，也不断地暴露其负面效应。农药可以预防害虫，也可以使食物具有毒性；塑料袋方便人们拎提物品，也会造成白色污染；电脑方便人们快速地传递信息，也辐射着人们的皮肤；核能能为人们发电，也可以成为毁灭人类的致命武器。从环境污染角度来看，现代社会的重大环境问题都直接和科技有关。资源短缺直接与现代化机器大规模开发有关；生态破坏直接与森林砍伐和捕猎有关；大气污染和水源污染直接和现代的工厂、汽车、火车、轮船等排放的污染物有关。因此，科技的负面作用也是当今环境问题产生的重要根源之一。

## 三、当代环境问题

环境是人类生存和发展的基础，人和环境的关系是密不可分的，人类赖以生存和生活的客观条件是环境，脱离了环境这一客体，人类根本无法生存，更谈不上发展。一方水土养一方人，这是人类生存的基本原则。早在 20 世纪 80 年代初，全球变暖、臭氧层空洞及酸雨三大全球性环境问题已初露端倪；进入 20 世纪 90 年代地球荒漠化、海洋污染、物种灭绝等环境问题更是突破了国界，成为影响全人类生存的重大问题。21 世纪全球主要环境问题有以下几个方面：

## （一）温室效应

大气中含有微量的二氧化碳，二氧化碳有一个特性，就是对来自太阳的短波辐射“开绿灯”，允许它们通过大气层到达地球表面。短波辐射到达地面后，会使地面温度升高。地面温度升高后，就会以长波辐射的形式向外散发热量。而二氧化碳对来自地面的长波辐射则能吸收，不让其通过，同时把热量以长波辐射的形式又反射给地面。这样就使热量滞留于地球表面。这种现象类似玻璃温室的作用，所以称为温室效应。能产生温室效应的气体还有甲烷、氯氟烃等。

大气温室效应并不是完全有害的，如果没有温室效应，那么地球的平均表面温度，就不是现在的 15℃，而是 –18℃，人类的生存环境将极为恶劣，不适宜人类的生存。但是，人类大量燃烧矿物燃料，如煤、石油、天然气等，向大气排放的二氧化碳越来越多，使温室效应不断加剧，从而使全球气候变暖。

## （二）臭氧层空洞

1985年，英国的南极考察团首次发现南极上空的臭氧层有一个空洞，当时轰动了世界，也震动了科学界。臭氧层空洞成为当时的热点话题。所谓“臭氧层空洞”是指由于人类活动而使臭氧层遭到破坏而变薄。

在太阳辐射中有一部分是紫外线，它对生物有很大的杀伤力，医学上用紫外线杀菌。在距地表 20 ~ 30km 的高空平流层有一层臭氧层，它吸收了 99% 的紫外线，就像一层天然屏障，保护着地球上的万物生灵，使它们免受紫外线的杀伤。因此，臭氧层也被誉为地球的保护伞。近年来，科学家又进行调查，发现全球的臭氧层都不同程度地遭到破坏。南极上空的臭氧层破坏最为明显，有一个相当于北美洲面积大小的空洞。

臭氧层空洞会导致到达地面的紫外线辐射增强，人类皮肤癌的发病率大幅度上升。臭氧层破坏最受发达国家的关注，因为发达国家大都是白种人，他们的皮肤癌发病率特别高。另外，紫外线辐射过度还会导致白内障。紫外线辐射增强不仅影响人类的健康，还会影响农作物、海洋生物的生长繁殖。现在科学家已经找到了破坏臭氧层的罪魁祸首，那就是氟氯烃类化合物。自然界中是没有这种物质的。它被发明于1930年，作为制冷剂、灭火剂、清洗剂等，广泛运用于化工制冷设备，如我们使用的空调、冰箱、发胶、喷雾剂等商品里面都含有氟氯烃。氟氯烃进入高空之后，在紫外线的照射下激化，就会分解出氯原子，氯原子对臭氧分子有很强的破坏作用，把臭氧分子变成普通的氧分子。人类万万没有想到，氟氯烃在造福人类的同时会跑到天上去“闯祸”。

### （三）酸雨

酸雨是20世纪50年代以后才出现的环境问题。现在全世界有三大酸雨区：欧洲、北美和中国长江以南地区。随着工业生产的发展和人口的激增，煤和石油等化石燃料的大量使用是产生酸雨的主要原因。化石燃料中都含有一定量的硫，如煤一般含硫0.5% ~ 5%，汽油一般含硫0.25%。这些硫在燃烧过程中90%都被氧化成二氧化硫而排放到大气中。人类排放的二氧化硫在空气中可以缓慢地转化成三氧化硫。三氧化硫与大气中的水汽接触，就生成硫酸。硫酸随雨雪降落，就形成酸雨。

酸雨是指pH值小于5.6的雨雪。一般正常大气降水含有碳酸，呈弱酸性，pH值小于7而大于5.6。但由于二氧化硫的大量排放，使雨雪中含有较多的硫酸，使降水的pH值小于5.6，就形成了酸雨。

### （四）土地沙漠化

土地沙漠化是世界性的环境问题，沙漠化已经影响到了100多个国家和地区。地球上的沙漠在以一种惊人的速度扩展。现在世界各地都是沙进人退，土地不断被蚕食。科学家们呼吁，如果人类再不制止沙漠化，半个地球将成为沙漠。

本来沙漠是气候干旱的产物，像北非的撒哈拉，西亚的一些大沙漠，那些地方的降水量很少。在半干旱地区和湿润地区是不应该出现沙漠化的，因为沙漠化是干旱的产物，在半干旱地区应该是草原景观。但是现在半干旱和半湿润地区也出现了大片的沙漠。例如，我国的内蒙古和陕西交界处的毛乌素沙地。当地的降水量并不少，在汉朝的时候这里还是水草肥美的大草原，可是现在已经变成了一个大沙漠。其实引起沙漠化的罪魁祸首就是人类自己。沙漠化是自然界对人类破坏环境的“报复”。在沙漠的外围是半干旱地区的草原，生态环境是比较脆弱的，稍加破坏，生态平衡就会被打破，就会出现沙漠化的现象。人类在沙漠的外围过度放牧，会破坏草原的植被，使草原不断地退化，从而变成沙漠。

### （五）森林面积减少

森林可以说是人类的摇篮，人类的祖先正是从森林里走出来的。由于人类对森林的过度采伐，现在世界上的森林资源在迅速地减少。据联合国粮农组织的统计，现在全世界每年就有1200万公顷的森林消失，就是说平均每分钟就有$20hm^2$（公顷）的森林消失。

由于长期以来的过量采伐，我国很多著名的林区森林资源都濒临枯竭，例如长白山、大兴安岭、小兴安岭、西双版纳、海南岛、神农架等林区，有些地方已经变成了荒山秃岭。森林资源的减少，对人类的危害是严峻的，可以加剧土壤侵蚀，引起水土流失，不但改变了流域上游的生态环境，同时也加剧了河流的泥沙量，使得河流河床抬高，增加洪水水患，例如 1998 年长江洪水就与上游的森林砍伐有直接关系。

### （六）物种灭绝与生物多样性锐减

生态系统是由多种生物物种组成的，生物物种的多样性是生态系统成熟和平衡的标志。当自然灾害或人类行为阻碍了生态系统中能量流通和物质循环，就会破坏生态平衡，导致生物物种的减少。

在地球的历史上，由于自然环境的变迁，发生过五次大规模的物种灭绝。其中我们知道的是在 6500 万年前中生代末期，地球上不可一世的庞然大物恐龙灭绝了，这是一次大规模的物种灭绝。目前，地球正在经历着第六次大规模的物种灭绝。这一次同前几次物种灭绝不同的是导致这场悲剧的正是人类自己。由于人类对野生生物的狂捕滥杀，对生态环境的污染和破坏，使得地球上越来越多的物种已经或正在遭到灭顶之灾，如亚洲的老虎、大象，非洲的犀牛数量都在锐减或濒临灭绝。据科学家估计，地球上生物大约有 3000 万种，被人类所发现和鉴定的大约有 150 万种，也就是说，现在地球上很多物种还没有被人类发现。在交通不便、人迹罕至的热带雨林地区，如巴西的亚马孙森林、东南亚印尼的热带雨林等人类很难深入进去，那些地区又是物种资源的宝库，很多物种还没有被人类发现。由于人类对生态环境的破坏，大量砍伐热带雨林，可能有很多物种还没有被人类发现和鉴定，就已经从我们地球上灭绝了。这种情况是非常惊人的，原来生存于我国的高鼻羚羊、野马、犀牛、野羊等野生动物在我国已经绝迹了；另外，华南虎、白金貉、亚洲象、双峰驼、黑冠长臂猿等野生动物也都有濒临灭绝的危险。

### （七）水环境污染与水资源危机

地球表面有 71% 的面积被水覆盖。可是就在我们居住的这个“水球”上，水资源危机却愈演愈烈，现在全世界很多地方都在闹水荒。那么我们这个“水球”为什么会闹水荒呢？在许多人看来水资源是取之不尽、用之不竭的。地球上的水资源虽然很丰富，但其中 97.5% 的水属于咸水，只有 2.5% 的水是淡水。而且这 2.5% 中，70% 被冻结在南北两极。因此，全球水资源只有不到 1% 可供人类使用，而且这有限的淡水资源在地球上的分布很不平衡。随着经济发展和人口激增，人类对水的需求量越来越大。现在全世界对水消耗的增长率超过了人口增长率。早在 1973 年召开的联合国水资源会议上，科学界就向全世界发出警告，水资源问题不久将成为深刻的社会危机，世界上能源危机之后的下一个危机极有可能就是水危机！确实，当人类面临能源危机时，还可以通过核能发电，甚至在大海里还可以有核聚变的能源，可以利用太阳能、潮汐能。也就是说，在一种能源发生危机时，可以找到替代能源，但若水资源发生危机了，有什么能替代水吗？没有，到目前为止，还没有一种物质能够替代水的作用。如果水发生危机，将会对人类产生巨大的影响。

### （八）水土流失

由于人类大规模地破坏森林，使全世界的水土流失异常严重。例如，喜马拉雅山南麓的尼泊尔，是世界上水土流失最严重的国家之一。每到雨季，大量的表土就被洪水冲刷到印度和孟加拉国，使得尼泊尔耕地越来越贫瘠，人民越来越贫困。土壤被带入江河、湖泊，又会造成水库、湖泊的淤积，从而抬高河床，减少水库湖泊的库容，加剧洪涝灾害。因此，我们说森林破坏所造成的生态危害是非常严重的。

我国水土流失的面积，占国土面积的1/3，每年流失的土壤多达50亿吨，相当于全国的耕地每年损失1cm厚的土壤。而自然形成1cm厚的土壤，需要400年的时间。我国每年由于水土流失所带走的氮、磷、钾营养元素等，相当于一年的化肥产量。水土流失最典型的例子就是黄河流域。黄河之所以称为黄河，就是因为泥沙含量相当高，黄河每年输送的泥沙达16亿吨，居世界之首，这就是由于水土流失造成的。

### （九）城市垃圾成灾

与日俱增的垃圾，包括工业垃圾和生活垃圾，已经成为世界各国都感到棘手的难题。垃圾未经处理而集中堆放，不仅占用了耕地，而且污染环境，破坏景观。每遇大风，垃圾中的病原体和微生物等随风而起，污染空气；每逢下雨，垃圾中的有害物质又会随雨水渗入地下，污染地下水。因此，垃圾如果不处理，将会对我们生存环境造成严重的危害。近年来，人们大量地使用一次性塑料制品，如塑料袋、快餐盒、农用塑料地膜等，这些一次性塑料制品被人随意丢弃，造成严重的白色污染。

### （十）大气环境污染

我国的城市大气污染非常严重。我国现有600多座城市，其中大气质量符合国家一级标准的不到1%。烟尘弥漫、空气污浊在许多城市已是司空见惯。按照我国的规定，大气质量分为五级，一级是最好，五级为重度污染。北京的空气状况大部分时间是在三级或四级，而且是以四级居多。

我国的城市大气污染之所以如此严重，有以下两个主要原因：

第一，由于我国以煤炭为主要能源，燃煤会排放大量的污染物，如氮氧化物、烟尘等。我国的能源结构是以煤为主的，冬季采暖要烧煤，工业发电要烧煤，有些地方居民做饭要烧煤，而燃烧大量的煤会给大气造成非常严重的污染。

第二，汽车尾气对空气的污染。现在由于我国城市汽车拥有量越来越大，这一问题也越来越严重。目前我国的城市汽车保有量每年在以 13% 的速度递增。过去许多城市的空气污染是煤烟型污染，现在也逐渐转变为汽车尾气型污染。汽车尾气中含有许多对人体有毒的污染物，主要有一氧化碳、氮氧化物、铅等。人体长期吸入含铅的气体，就会引起慢性铅中毒，主要症状是头疼、头晕、失眠、记忆力减退。儿童对铅污染特别敏感，铅中毒会损伤儿童的神经系统和大脑，造成儿童智力低下，影响儿童的智商，有时甚至会造成儿童呆傻。

由于大气环境污染，同时带来了一系列其他环境问题，例如酸雨污染、全球气候变暖、臭氧层空洞等。

## 四、环境科学概述

### （一）环境科学的概念

环境科学是在人们面临一系列环境问题，并且要解决环境问题的需求下，逐渐形成并发展起来的由多学科到跨学科的科学体系，也是一个介于自然科学、社会科学、技术科学和人文科学之间的科学体系。环境科学的兴起和发展是人类社会生产发展的必然结果，也是人类对自然现象的本质和变化规律认识深化的体现。

环境科学是以“人类—环境”系统为其特定的研究对象。它是研究“人类—环境”系统的发生、发展和调控的科学。“人类—环境”系统及人类与环境所构成的对立统一体，是一个以人类为中心的生态系统。

### （二）环境科学的特点

环境科学具有涉及面广、综合性强、密切联系实际的特点。它既是基础学科，又是应用学科。在研究过程中必须做到宏观与微观相结合，近期与远期相结合，而且要有一个整体的观点。归纳起来，有如下几个特点：

1. 综合性

环境科学是一门综合性很强的新兴的边缘学科，它要解决的问题均具有综合性的特点，特别在进行具体课题研究时，必然体现出跨学科、多学科交叉和渗透的特点，必须应用其他学科的理论和方法，但又不同于其他学科。环境科学的形成过程、特定的研究对象，以及非常广泛的学科基础和研究领域，决定了它是一门综合性很强的重要的新兴学科。

2. 整体性

把人口问题、资源的滥用、工艺技术的影响、发展的不平衡以及世界范围的城市困境等作为整体来探讨环境问题。这是其他学科所不能代替的，大至宇宙环境，小到工厂、区域环境，都得从整体的角度来考虑和研究，而不像有些科学只研究某一个问题的某一个方面，这是环境科学不同于其他科学的另一特点。

3. 实践性

环境科学是由于人类为了解决在生产和生活实践中产生的环境污染问题而逐渐孕育发展起来的。也就是说，环境科学是人类在同环境污染的长期斗争中形成的一个新的科学领域，所以具有很强的实践性和旺盛的生命力。

如我国大气环境质量中的光化学烟雾污染、酸雨、大气污染对居民健康影响等问题；我国河流污染的防治，湖泊富营养化问题，水土流失与水土保持问题；海洋的油污染和重金属污染等问题；城市生态问题；环境污染与恶性肿瘤关系问题；自然资源的合理利用和保护等问题，都是环境科学的研究范畴。

4. 理论性

环境科学在宏观上研究人类同环境之间的相互促进、相互联系、相互作用、相互制约的对立统一关系，既要揭示自然规律，也要揭示社会经济发展和环境保护协调发展的基本规律；在微观上研究环境中的物质，尤其是人类活动排放的污染物的分子、原子等微小粒子在有机体内迁移、转化和蓄积的过程及其运动规律，探索它们对生命的影响及其作用机理等。环境科学不仅随着国民经济的发展而不断发展，而且由于各种学科的结合、渗透，在理论上也日趋完善。

## （三）环境科学的基本任务

环境科学的基本任务如下：

1. 探索全球范围内环境演化的规律

在人类改造自然的过程中，为使环境向有利于人类的方向发展，就必须了解环境变化的过程，包括环境的基本特性、环境结构的形式和演化机理等，为人类提供更好的生存服务。

2. 揭示人类活动同自然生态之间的关系

环境为人类提供生存条件，人类通过生产和消费活动，不断影响环境的质量。人类生产和消费系统中物质和能量的迁移、转化过程是异常复杂的。但必须使物质和能量的输入同输出之间保持相对平衡。这个平衡包括两项内容：一是排入环境的废弃物不能超过环境自净能力，以免造成环境污染，损害环境质量；二是从环境中获取可更新资源不能超过它的再生增殖能力，以保障可持续利用；从环境中获取不可再生资源要做到合理开发和利用。因此，在社会经济发展规划中必须列入环境保护的内容，有关社会经济发展的决策必须考虑生态学的要求，以求得人类和环境的协调发展，这样才能和环境友好相处。

3. 探索环境变化对人类生存的影响

环境变化是由物理的、化学的、生物的和社会的因素以及它们的相互作用所决定的，因此，环境科学在此方面有重要作用，必须研究环境退化同物质循环之间的关系。这些研究可为保护人类生存环境、制定各项环境标准、控制污染物的排放量提供依据，以防环境的恶化而引起人类的灾难。如近年的水污染及其中污染物进入人体后发生的各种作用，包括致畸作用和致癌作用，大气污染、城市的空气指数的恶化对人们健康的影响等。

4. 研究区域环境污染综合防治的技术措施和管理措施

如某个地方区域环境污染了，我们应如何应对和保护。我国的工业污染很多，如何预防和治理都和环境科学有关。实践证明需要综合运用多种工程技术措施和管理手段，调节并控制人类和环境之间的相互关系，利用系统分析和系统工程的方法寻找解决环境问题的最优方案。

5. 完善自我的体系

收集数据为环境与人类的和谐相处奠定基础，同时培养新一代的环境科学工作者为人类服务。

### （四）环境科学面临的机遇和挑战

面对如今科技日新月异的变化，环境问题越来越受到人类的关注。工业的发展必定会影响环境，许多地区因为一味追求经济的发展而以环境为代价，从而造成了环境的大面积污染。那么环境科学就应该起到它的作用，治理环境，保护环境。在这个大环境下环境科学应该得到关注和重视。

自产业革命以来，人类在社会文明和经济发展方面取得了巨大的成就：与此同时，人类对自然的改造也达到空前的广度、深度和强度。研究表明，地球一半以上的陆地表面都受到人为活动的改造，一半以上的地球淡水资源都已被人类开发利用，人类活动严重影响着地球系统。由此产生的问题就是环境污染，环境污染的广度和深度对人类的生存带来了巨大的影响，如何治理好污染是人类的一项重要任务。环境科学面临的挑战很大，比如当前我国的科学氛围，不少人只看经济效应，许多论文的质量不高，从而阻碍了环境科学的发展。

对环境科学，政府要大力支持，对污染环境的企业要严惩，并做好宣传，在群众中培养、提高环境保护意识，让环境科学为人类做出最大的贡献。

# 第三节 环境污染与人体健康

## 一、环境污染概述

当各种物理、化学和生物因素进入大气、水、土壤环境，如果其数量、浓度和持续时间超过了环境的自净力，以致破坏了生态平衡，影响人体健康，造成经济损失时，称为环境污染。环境污染的产生是一个从量变到质变的过程，目前环境污染产生的原因主要是资源的浪费和不合理的使用，使有用的资源变为废物进入环境而造成危害。

环境污染会给生态系统造成直接的破坏和影响，如沙漠化、森林破坏也会给生态系统和人类社会造成间接的危害，有时这种间接的环境效应的危害比当时造成的直接危害更大，也更难消除。例如，温室效应、酸雨和臭氧层破坏就是由大气污染衍生出的环境效应。这种由环境污染衍生的环境效应具有滞后性，往往在污染发生的当时不易被察觉或预料到，然而一旦发生就表示环境污染已经发展到相当严重的地步。当然，环境污染的最直接、最容易被人类所感受的后果是使人类环境的质量下降，影响人类的生活质量、身体健康和生产活动。例如，城市的空气污染造成空气污浊，人们的发病率上升等；水污染使水环境质量恶化，饮用水源的质量普遍下降，威胁人的身体健康，引起胎儿早产或畸形等。环境污染是指人类直接或间接地向环境排放超过其自净能力的物质或能量，从而使环境的质量降低，对人类的生存与发展、生态系统和财产造成不利影响的现象。

## 二、环境污染对人体健康的影响

环境是人类生存的空间，不仅包括自然环境，日常生活、学习、工作环境，还包括现代生活用品的科学配置与使用。环境污染不仅影响到我国社会经济的可持续发展，也突出地影响到人民群众的安全健康和生活质量，如今已受到人们越来越多的关注。人类健康的基础是人类的生存环境，只有生物多样性丰富、稳定和持续发展的生态系统，才能保证人类健康的稳定和持续发展。而环境污染是人类健康的大敌，生命与环境最密切的关系是生命利用环境中的元素建造自身。

### （一）环境污染物影响人体健康的特点

对人体健康有影响的环境污染物主要来自工业生产过程中产成的废水、废气、废渣，包括城市垃圾等。环境污染物影响人体健康的特点：一是影响范围大，因为所有的污染物都会随生物地球化学循环而流动，并且对所有的接触者都有影响；二是作用时间长，因为许多有毒物质在环境中及人体内的降解较慢。

### （二）环境污染对人体健康的影响因素

环境污染物对机体健康能否造成危害以及危害的程度，受到许多条件的影响，其中最主要的影响因素为污染物的理化性质、剂量、作用时间、环境条件、健康状况和易感性特征等。

1. 污染物的理化性质

环境污染物对人体健康的危害程度与污染物的理化性质有着直接的关系。如果污染物的毒性较大，即便污染物的浓度很低或污染量很小，仍能对人体造成危害。例如，氰化物属剧毒物质，即便人体摄入的量很低，也会产生明显的危害作用。但也有些污染物转化成为新的有毒物质而增加毒性。例如，汞经过生物转化形成甲基汞，毒性增加；有些毒物如汞、砷、铅、铬、有机氯等，虽然其浓度并不很高，但这些物质在人体内可以蓄积，最终危害人体健康

2. 剂量或强度

环境污染物能否对人体产生危害以及危害的程度，主要取决于污染物进入人体的“剂量”。

（1）有害元素和非必需元素

这些元素因环境污染而进入人体的剂量超过一定程度时可引起异常反应，甚至进一步发展成疾病，对于这类元素主要是研究制定其最高容许量的问题，如环境中的最高容许浓度。

（2）必需元素

这种元素的剂量－反应关系较为复杂，一方面，环境中这种必需元素的含量过少，不能满足人体的生理需要时，会使人体的某些功能发生障碍而形成一系列病理变化；另一方面，如果环境中这种元素的含量过多，也会引起程度不同的中毒性病变。因此，对于这类元素不仅要研究和制定环境中最高容许浓度，而且还要研究和制定最低供应量的问题。

3. 作用时间

毒物在体内的蓄积量受摄入量、生物半减期和作用时间三个因素的影响。很多环境污

染物在机体内有蓄积性，随着作用时间的延长，毒物的蓄积量将加大，达到一定浓度时，就会引起异常反应并发展成为疾病，这一剂量可以作为人体最高容许限量，称为中毒阈值。

4. 健康效应谱与敏感人群

在环境有害因素作用下产生的人群健康效应，由人体负荷增加到患病、死亡这样一个金字塔的人群健康效应谱所组成，如图 1–1 所示。

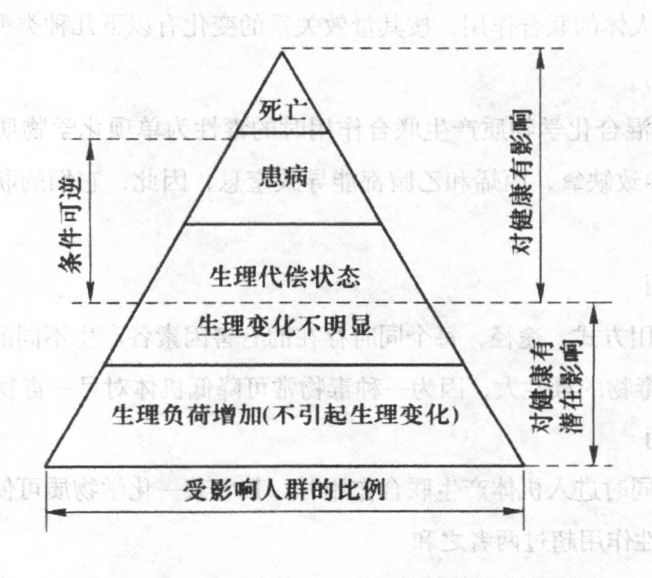


图 1–1 人群对环境异常变化的反应金字塔形分布

从人群健康效应谱上可以看到，人群对环境有害因素作用的反应是存在差异的（见图 1–2）。尽管多数人在环境有害因素作用下呈现出轻度的生理负荷增加和代偿功能状态，但仍有少数人处于病理性变化即疾病状，态甚至出现死亡。通常把这类易受环境损伤的人群称为敏感人群（易感人群）。

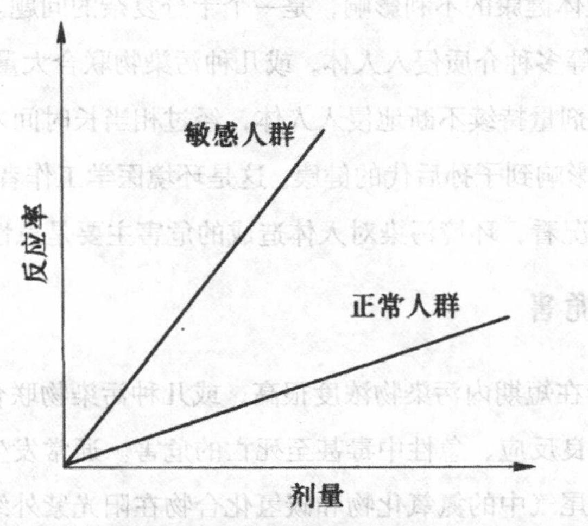


图 1–2 不同人群对环境因素变化的剂量 – 反应关系

机体对环境有害因素的反应与人的健康状况、生理功能状态、遗传因素等有关，有些还与性别、年龄有关。在多起急性环境污染事件中，老、幼、病人出现病理性改变，症状加重，甚至死亡的人数比普通人群多。

5. 环境因素的联合作用

化学污染物对人体的联合作用，按其量效关系的变化有以下几种类型：

（1）相加作用

相加作用是指混合化学物质产生联合作用时的毒性为单项化学物质毒性的总和。如 CO 和氟利昂都能导致缺氧，丙烯和乙腈都能导致窒息，因此，它们的联合作用特征表现为相加作用。

（2）独立作用

由于不同的作用方式、途径，每个同时存在的有害因素各产生不同的影响。但是混合物的毒性仍比单种毒物的毒性大，因为一种毒物常可降低机体对另一毒物的抵抗力。

（3）协同作用

当两种化学物同时进入机体产生联合作用时，其中某一化学物质可使另一化学物质的毒性增强，且其毒性作用超过两者之和。

（4）拮抗作用

一种化学物能使另一种化学物的毒性作用减弱，即混合物的毒性作用低于两种化学物中任一种的单独毒性作用。

## 三、环境污染对人体健康的危害

环境污染对人体健康的不利影响，是一个十分复杂的问题。有的污染物在短期内通过空气、水、食物链等多种介质侵入人体，或几种污染物联合大量侵入人体，造成急性危害。也有些污染物，小剂量持续不断地侵入人体，经过相当长时间才显露出对人体的慢性危害或远期危害，甚至影响到子孙后代的健康。这是环境医学工作者面临的一项重大研究课题。从近几十年来的情况看，环境污染对人体造成的危害主要是急性、慢性和远期危害。

### （一）急性危害

急性危害是指在短期内污染物浓度很高，或几种污染物联合进入人体可使暴露人群在较短时间内出现不良反应、急性中毒甚至死亡的危害。通常发生在特殊情况下，例如，光化学烟雾就是汽车尾气中的氮氧化物和碳氢化合物在阳光紫外线照射下，形成光化学氧化剂 $O_3$、$NO_2$、NO 和过氧乙酰硝酸酯（PAN）等，与工厂排出的 $SO_2$ 遇水分产生硫酸雾相结合而形成的光化学烟雾。当大气中光化学氧化剂浓度达到 $0.1\times10^{-6}$ 以上时，就能使竞技水平下降，达到（0.2 ~ 0.3）$\times10^{-6}$ 时，就会造成急性危害。主要是刺激呼吸道黏膜和眼结膜，而引起眼结膜炎、流泪、眼睛痛、嗓子痛、胸痛等，严重时会造成操场上运动着的学生突然晕倒，出现意识障碍。经常受害者能加速衰老，缩短寿命。

## （二）慢性危害

慢性危害是指污染物在人体内转化、积累，经过相当长时间（半年至几十年）才出现病症的危害。慢性危害的发展一般具有渐进性，出现的有害效应不易被察觉，一旦出现了较为明显的症状，往往已成为不可逆的损伤，造成严重的健康后果。

1. 大气污染对呼吸道慢性炎症发病率的影响

国内外大气污染调查资料还表明，大气污染物对呼吸系统的影响，不仅使上呼吸道慢性炎症的发病率升高，同时还由于呼吸系统持续不断地受到飘尘、$SO_2$、$NO_2$ 等污染物刺激腐蚀，使呼吸道和肺部的各种防御功能相继遭到破坏，抵抗力逐渐下降，从而提高了对感染的敏感性。这样一来，呼吸系统在大气污染物和空气中微生物联合侵袭下，危害就逐渐向深部的细支气管和肺泡发展，继而诱发慢性阻塞性肺部疾患及其续发感染症。这一发展过程，又会不断增加心肺的负担，使肺泡换气功能下降，肺动脉氧气压力下降，血管阻力增加，肺动脉压力上升，最后因右心室肥大，右心功能不全而导致肺心病。

2. 铅污染对人体健康的危害

环境中铅的污染来源主要有两个方面：一是工矿企业，由于铅、锌与铜等有色金属多属共生矿，在其开采与冶炼过程中，铅制品制造和使用过程中，铅随着废气、废水、废渣排入环境而造成大气、土壤、蔬菜等污染；二是汽车尾气排放，汽车用含四乙铅的汽油做燃料。

铅能引起末梢神经炎，出现运动和感觉异常。常见有伸肌麻痹，可能是铅抑制了肌肉里的肌酸激酶，使肌肉里的磷酸肌酸减少，使肌肉失去收缩动力而产生的。被吸收的铅，在成年人体内有 91% ~ 95% 形成不稳定的磷酸三铅（$Pb_3(PO_4)_2$）沉积在骨骼中，在儿童体内多积存于长骨干的骺端，从 X 线照片上可见长骨骺端钙化带密度增强，宽度加大，骨骺线变窄。幼儿大脑受铅的损害，比成年人敏感得多。儿童经常吸入或摄入低浓度的铅，能影响儿童智力发育和产生行为异常。经研究，对血铅超过 60mg/100mL 的无症状的平均 9 岁的儿童，经追踪观察，数年后，就发现有学习低能和注意力涣散等智力障碍，并伴有举止古怪等行为异常的表现。目前，各国都在开展铅对儿童健康危害的剂量 – 反应关系的研究，为制定大气、饮水、食品中含铅量的标准提供依据，以保护儿童和成人不受铅危害。

3. 水体和土壤污染对人体造成的慢性危害

水体污染与土壤污染对人体造成慢性危害的物质主要是重金属。如汞、铬、铅、镉、砷等含生物毒性显著的重金属元素及其化合物，进入环境后不能被生物降解，且具有生物累积性，直接威胁人类健康。此外，环境污染引起的慢性危害，还有镉中毒、砷中毒等。环境污染对人体的急性和慢性危害的划分，只是相对而言，主要取决于剂量－反应关系。如水俣病，在短期内摄入大量甲基汞，也会引起急性危害。

## （三）远期危害

远期危害是指环境污染物质进入人体后，经过一段较长（有的长达数十年）的潜伏期才表现出来，甚至有些会影响子孙后代的健康和生命的危害。远期危害是目前最受关注的，主要包括致癌作用、致畸作用和致突变作用。

1. 致癌作用

是指能引起或引发癌症的作用。据若干资料推测，人类癌症由病毒等生物因素引起的不超过 5%；由放射线等物理因素引起的也在 5% 以下；由化学物质引起的约占 90%，而这些物质主要来自环境污染。例如，近年来，随着城市工业的迅猛发展，大量排放废气污染空气，工业发达国家肺癌死亡率急剧上升，在我国某些地区的肝癌发病率与有机氯农药污染有关。

2. 致畸作用

是指环境污染物质通过人或动物母体影响动物胚胎发育与器官分化，使子代出现先天性畸形的作用。随着工业迅速发展，大量化学物质排入环境，许多研究者在环境污染事件中都观察到由于孕期摄入毒物而引发的胎儿畸形发生率明显增加。

3. 致突变作用

是指污染物或其他环境因素引起生物体细胞遗传信息发生突然改变的作用。这种变化的遗传信息或遗传物质在细胞分裂繁殖过程中能够传递给子代细胞，使其具有新的遗传特性。

# 第二章　生态系统与环境保护

## 第一节　生态学的基础知识

### 一、生态学基本概念

在自然界，各种生物物质结合在一起形成复杂程度不同的各种有机体，这些有机体依照细胞—个体—群落—生态系统的顺序而趋于复杂化。生态学就是研究生命系统与环境系统相互关系的科学。生态学的研究一般从研究生物个体开始，分别研究个体、种群、群落、生态系统等，并形成相应不同层次的生态学科。

生物个体都是具有一定功能的生物系统。个体生态学主要研究有机体如何通过特定的生物化学、形态解剖、生理和行为机制去适应其生存环境。

种群是指在一定时间内和一定空间地域内一群同种个体组成的生态系统。种群生态学讨论的重点是有机体的种群大小如何调节，它们的行为以及它们的进化等问题。种群既体现每个个体的特性，又具有独特的群体特征，如团聚和组群特征等。

群落是指在一定时间内居住于一定生境中的各种群组成的生物系统。群落生态学研究中，人们最感兴趣的是生物多样性、生物的分布、相互作用及作用机制等。生态系统生态学是近年来研究的重点。现代生态学除研究自然生态外，还将人类包括其中。生态学是一门包括人类在内的自然科学，也是一门包括自然在内的人文科学，并提出“社会－经济－自然复合生态系统”的概念。这样，生态学研究就包括了更为宏观、广阔的内容，即景观生态学和全球尺度的全球生态学（生物圈）。

### 二、生态系统

在一定范围内由生物群落中的一切有机体与其环境组成的具有一定功能的综合统一体称为生态系统。在生态系统内，由能量的流动导致形成一定的营养结构、生物多样性和物质循环。换句话说，生态系统就是一个相互进行物质和能量交换的生物与非生物部分构成的相对稳定的系统，它是生物与环境之间构成的一个功能整体，是生物圈能量和物质循环的一个功能单位。

生态系统一般主要指自然生态系统。由于当代人类活动及其影响几乎遍及世界的每一个角落，地球上已很少有纯粹的未受人类干扰的自然生态系统了，生态学研究的大部分生态系统是半人工、半自然的生态系统（如农业生态系统），甚至完全是人工建造的生态系统（如城市生态系统）。

生态系统是一个很广泛的概念，任何生物群体与其环境组成的自然体都可视为一个生态系统。如一块草地、一片森林都是生态系统；一条河流、一座山脉也都是生态系统；而水库、城市和农田等也是人工生态系统。小的生态系统组成大的生态系统，简单的生态系统构成复杂的生态系统，形形色色、丰富多彩的生态系统构成生物圈。

生态系统是一个将生物与其环境作为统一体认识的概念，因此，在生态学中，生态系统是一个空间范围不太确定的术语，可以适用于各种大小不同的生物群落及其环境。例如，最小的生态系统可以是一个树桩上的生物与其环境，中等尺度的生态系统如森林群丛等，大的生态系统可以是一个流域、一个区域或海洋等。

### （一）生态系统的组成

任何生态系统都是由两部分组成的，即生物部分（生物群落）和非生物部分（环境因素）。生物部分包括植物群落（生产者）、动物群落（消费者）、微生物群落和真菌群落（分解者或称还原者）。非生物部分（环境）包括所有的物理的和化学的因子，如气候因子和土壤条件等。非生物因子对生态系统的结构和类型起决定性作用。对陆地生态系统来说，在各种非生物因素中，起决定作用的是水分和热量。水分决定着生态系统是森林、草原或荒漠生态系统。年降雨量在750mm以上的地区可以形成稳定的森林生态系统；年降雨量在250mm以下，其水分甚至不足以支持建立一层完整的草被，从而形成草丛疏落、地面裸露的荒漠生态系统。温度决定着常绿、落叶或阔叶、针叶这些生态系统特征。土壤条件由于其本身的复杂性，对生态系统的影响也是复杂的，但它对生态系统的多样性有着重要贡献。

### （二）生态系统的结构

生态系统的结构是指构成生态系统的要素及其时、空分布和物质、能量循环转移的路径。它包括形态结构和营养结构。

1. 生态系统的形态结构

生态系统的生物种类、种群数量、种群的空间配置（水平分布、垂直分布）、种的时间变化（发育）等，构成了生态系统的形态结构。例如，一个森林生态系统中的动物、植物和微生物的种类和数量基本上是稳定的。在空间分布上，自上而下具有明显的分层现象。地上有乔木、灌木、草本、苔藓；地下有浅根系、深根系及其根际微生物。在森林中栖息的各种动物，也都有其相对的空间位置：鸟类在树上营巢，兽类在地面筑窝，鼠类在地下掘洞。在水平分布上，林缘和林内的植物、动物的分布也明显不同。植物的种类、数量及其空间位置是生态系统的骨架，是整个生态系统形态结构的主要标志。

2. 生态系统的营养结构

生态系统各组成部分之间建立起来的营养关系，构成了生态系统的营养结构。由于各生态系统的环境、生产者、消费者和还原者不同，就构成了各自的营养结构。营养结构是生态系统中能量流动和物质循环的基础。

生态系统中，由食物关系将多种生物连接起来，一种生物以另一种生物为食，这后一种生物再以第三种生物为食……彼此形成一个以食物连接起来的链锁关系，称之为食物链。按照生物间的相互关系，一般又可把食物链分成捕食性食物链、碎食性食物链、寄生性食物链和腐生性食物链四类。病虫害的生物防治即是食物链的理论应用。

在生态系统中，一种消费者往往不只吃一种食物，而同一种食物又可能被不同的消费者所食。因此各食物链之间又可以相互交错相连，形成复杂的网状食物关系，称其为食物网。食物网作为一系列食物链的链锁关系，本质上反映了生态系统中各有机体之间的相互捕食关系和广泛的适应性。自然界中普遍存在着的食物网，不仅维系着一个生态系统的平衡和自我调节能力，而且推动着有机界的进化，成为自然界发展演化的生命网，从而增加了生态系统的稳定性。

### （三）生态系统的特点

1. 生态系统结构的整体性

生态系统是一个有层次的结构整体。在个体以上生物系统的个体、种群、群落和生态系统的四个层次中。随着层次的升高，不断赋予生态系统新的内涵，但各个层次都始终相互联系着，低层次是构成高层次的基础，构成一种有层次的结构整体。

任何一个生态系统又都是由生物和非生物两部分组成的纵横交错的复杂网络，组成系统的各个因子相互联系、彼此制约而又相互作用，最终使系统各因子协调一致，形成一个比较稳定的整体。例如在一个生态系统中，仅植物的构成就有上层林木、下层林木灌木、草本植物、地被植物（苔藓、地衣）等层次，破坏其中一个层次，如砍伐掉高大的树木，就会使下层喜阴植物受到伤害，系统失去平衡，有时甚至向恶性循环转化。

生态系统结构的整体性决定着系统的功能，结构的改变必然导致功能的改变；反之，通过观察功能的改变也可以推知系统结构的变化趋势。生态系统存在和运行的基本保证是营养物质的循环和系统中能量的流动。这种运动一经破坏，系统也就崩溃。生态系统物质循环和能量转化率超高，则系统的功能就越强。

在生态系统中，植物之间通过竞争、共生等作用相互制约，动物与植物之间和动物与动物之间，通过食物链相互联系。在生物与非生物之间，其相互作用更为明显。其中，水分的变化所带来的影响最为显著。例如在新疆等干旱地区，许多生态系统靠地下水维持。地下水开采过多，就会造成地下水位下降，当下降到地面植物根系不可及的程度时，地面植物就会死亡，导致土地荒漠化，整个生态系统就会被摧毁：相反，在引水灌溉时，若给水过多，则地下水位就上升，喜水植物会增加，继而因强烈的蒸发导致盐分在土壤表面积聚，于是导致盐渍化，进而造成植被稀疏化，生态系统也趋于逆向演替。

2. 生态系统的开放性

任何生态系统都是开放性的系统，与周围环境有着千丝万缕的联系。一个生态系统的变化往往会影响到其他生态系统。例如一个山地生态系统，由于森林植被破坏而导致水土流失、鸟兽飞迁、地貌变化，不仅使本系统发生变化，而且由于失去森林涵养水源、“削洪补枯”的调节作用，影响径流，加重下游平原地区的洪旱灾害，也可造成河流湖泊的淤塞和影响河湖水生生态系统。

生态系统的开放性具有两个方面的意义：一是使生态系统可为人类服务，可被人类利用。例如，人类利用农业生态系统的开放性，使之输出粮食和果蔬，利用自然生态系统输出的水分改善局部小气候，增加农业产量。二是使人类可以通过增大对生态系统的物质和能量输入，改善系统的结构，增强系统的功能。正是由于生态系统具有开放性特征，才使它与人类社会更紧密地联系在一起，成为人类生存和发展的重要资源来源。

3. 生态系统的区域分异性

生态系统具有明显的区域分异性。海洋和陆地是两大类完全不同的生态系统；森林、草原、荒漠生态系统具有明显的区域分布特征；山地、草原、河湖、沼泽等不同的生态系统不仅其结构不同，而且同一类生态系统在不同的区域，其结构和运行特点也不相同。我国是一个受季风气候影响而且多山的国家，气候多变，水土各异，物种多样，造成了多种多样的生态系统。这种特点既为资源的多样性提供了基础，也为合理开发利用和保护增加了难度。

4. 生态系统的可变性

生态系统的平衡和稳定总是相对的、暂时的，而系统的不平衡和变化是绝对的、长期的。一般来说，生态系统的组成层次越多，结构越复杂，系统就越趋于稳定，当受到外界干扰后，恢复其功能的自动调节能力也较强；相反，系统结构越单一，越趋于脆弱，稳定性越差，稍受干扰，系统就可能被破坏。例如人工营造的纯林，因其组成单一、结构简单，很易受到病虫危害，易发生营养缺乏等问题。

能引起生态系统变化的因素很多，有自然的，也有人为的。自然因素如雷电引起的森林火灾造成的森林生态系统的变化，长期干旱造成的生态系统变化等等。一般来说，自然因素对生态系统的影响多是缓慢的、渐进的。人为影响是现代社会中导致生态系统变化的主因，其影响多为突发的和毁灭性的。

生态系统的变化，有的有利于人类，有的不利于人类。改善生态环境，就是通过人工干预，使生态环境和生态系统向有利于人类的方向发展。

## 三、自然、经济、社会复合生态系统

自然、经济、社会正越来越紧密地连接成为一个有序运动的统一整体。当代生态环境实质上是人地关系高度综合的产物。

### （一）复合生态系统的结构和功能

复合生态系统的结构即是组成系统的各部分、各要素在空间上的配置和联系。复合生态系统通过系统各要素之间、各子系统之间的有机组合（通过生物地球化学循环、投入产出的生产代谢，以及物质供需和废物处理等），形成一个内在联系的统一整体：一方面，自然生态系统以其固有的成分及其物质流和能量流运动，控制着人类的经济社会活动；另一方面，人又具有能动性，人类的经济社会活动在不断地改变着能量流动与物质循环过程，对复合生态系统的发展和变化起着决定作用。二者互相作用、互相制约，组成一个复杂的以人类活动为中心的复合生态系统。这个系统结构复杂、层次有序，并具有多向反馈的功能。

复合生态系统的功能与其结构相适应。自然生态系统具有资源再生功能和还原净化功能。它为人类提供自然物质来源，接纳、吸收、转化人类活动排放到环境中的有毒有害物质，自然系统中以特定方式循环流动的物质和能量，如碳、氢、氧、氮、磷、硫、太阳辐射能等的循环流动，不仅维持着自然生态系统的永续运动，而且也是人类生存和繁衍不可缺少的化学元素；自然系统的水、矿物、生物等其他物质通过生产进入人工生态系统，参与高一级的物质循环过程。它们都是社会经济活动不可缺少的资源和能源。显然，自然生态系统是人类生存和发展的物质基础，人工生态系统具有生产、生活、服务和享受的功能。

### （二）复合生态系统的基本特征

复合生态系统是在自然生态系统的基础上，经人类加工改造形成的适于人类生存和发展的复合系统。它既不单纯是自然系统，也不单纯是人工系统。复合生态系统的演化既遵循自然发展规律，也遵循经济社会发展规律。为满足人类发展的需要，它既具有自然系统的资源、能源等物质来源的功能，维持人类的生存和延续，又具有人工系统的生产、生活、舒适、享受的功能，推动社会的发展。

复合生态系统的整体性：复合生态系统是由自然、经济、社会三个部分交织而成统一联系的不可分割的整体。其中，组成生态系统的各要素及各部分相互联系、相互制约，任何一个要素的变化都会影响整个系统的平衡，并影响系统的发展，以达到新的平衡。

复合生态系统是一个开放性的系统：原材料、燃料要输入，产品、废物要输出，因此，复合生态系统的稳定性不仅取决于生态系统的容量，也取决于与外界进行物质交换和能量流动的水平。

复合生态系统具有一定的承载能力：复合生态系统的承载能力是有限的，超负荷则生态平衡被破坏。因此，生态系统具有脆弱性、平衡的不稳定性以及在一定限度内可以自我调节的功能。复合生态系统在长期演变过程中逐步建立起自我调节系统，可在一定限度内维持本身的相对稳定，同时其具有的人工调节功能，对来自外界的冲击能够通过人工调节进行补偿和缓冲，从而维持环境系统的稳定性。

## 第二节 生态环境保护的基本原理

为有效地保护生态环境，需要遵循一些基本原理：第一是生态系统结构与功能的相对应原理，从保护结构的完整性达到保持生态系统环境功能的目的；第二是将经济社会与环境看作是一个相互联系、互相影响的复合系统，寻求相互间的协调，并寻求随着人类社会进步，不断改善生态环境以建立新的协调关系的途径；第三是将保护生态环境的核心——生物多样性放在首要的和优先的位置上；第四是将普遍性与特殊性相结合，特别关注特殊性问题，如根据我国国情，东西南北各不相同，各地都有不同的保护目标和保护对象，因而在注意普遍性问题时，对特殊性问题给予特别的关注；第五是关注重大生态环境问题，将解决重大生态环境问题与恢复和提高生态环境功能紧密结合，以适应经济、社会发展和人类精神文明发展不断增长的需要。

### 一、保护生态系统结构的整体性和运行的连续性

从人类的功利主义和思维定式出发，保护生态环境的首要目的是保护那些能为人类自

身生存和发展服务的生态功能。但是，生态系统的功能是以系统完整的结构和良好的运行为基础的，功能寓于结构之中，体现于运行过程中；功能是系统结构特点和质量的外在体现，高效的功能取决于稳定的结构和连续不断的运行过程。因此，生态环境保护也是从功能保护着眼，从系统结构保护入手。

例如，森林生态系统具有保持水土的环境功能。这种功能是由有层次的林冠结构和枝干阻截雨水，林下地被植物和枯枝败叶层吸收水分，根系作用疏松土壤增加土壤持水性以及林木的枝干和枯落物减弱雨滴的动能，从而防止其直接打击土壤表面造成土壤侵蚀等综合作用的结果。这种功能是以植物与土壤共存并形成森林生态系统为基础的。这个结构如受破坏或结构残缺不全，如树木零落、枝叶稀疏、地被植物或枯枝败叶被清除，都会使系统持水保土功能减弱。因此，生态系统的保护，首先要保护系统结构的完整性。

生态系统结构的完整性包括以下内容：

### （一）地域连续性

分布地域的连续性是生态系统存在和长久维持的重要条件。现代研究表明，岛屿生态系统是不稳定或脆弱的。由于岛屿受到阻隔作用，与外界缺乏物质和遗传信息的交流，因而对干扰的抗性低，受影响后恢复能力差。近代已灭绝的哺乳动物和鸟类，大约 75% 是生活在岛屿上的物种。

由于人类开发利用土地的规模越来越大，将野生生物的生境切割成一块块越来越小的处于人类包围中的“小岛”，使之成为易受干扰和破坏的岛状生境，破坏了生态系统的完整性，也加速了物种灭绝的进程。在世界上已建立的保护区内，物种仍在不断减少，其原因也是由于自然保护区大多是一些岛屿状生境，无法维持生物多样性的长期存在。

### （二）物种多样性

物种的多样性是构成生态系统多样性的基础，也是使生态系统趋于稳定的重要因素。物种与生态系统整体性的关系，可用“铆钉去除理论”做出形象的说明：当从飞机机冀上选择适当的位置拔掉一个或几个铆钉时，造成的影响可能是微不足道的；当铆钉被一个接一个地拔去时，危险就逐渐逼近；每一个铆钉的拔除都增加了下一个铆钉断裂的危险，当铆钉被拔到一定程度时，飞机必然突然解体。

在生态系统中，每一个物种的灭绝就犹如飞机损失了一个铆钉，虽然一个物种的损失可能微不足道，却增加了其余物种灭绝的危险；当物种损失到一定程度时，生态系统就会彻底被破坏。在我国热带雨林中曾观察到，砍掉了最高的望天树，其余的树木就将受到严重的影响，因为有很多树木是靠望天树的荫庇才能够生存的。

自然形成的物种多样性是生物与其环境长期作用和适应的结果。环境条件越是严酷，如干旱、高寒、多风和荒漠地带，物种的多样性越低，生态系统也就越脆弱，越不稳定。在这种条件下，破坏了一两种物种，就可能使生态系统全部瓦解。如在我国西北，胡杨树、红柳等沙漠植物被砍伐后，很快导致土地沙漠化，生态系统完全被毁灭。

### （三）生物组成的协调性

植物之间、动物之间以及植物和动物之间长期形成的组成协调性，是生态系统结构整体性和维持系统稳定性的重要条件，破坏了这种协调关系，就可能使生态平衡受到严重破坏。野兔被带到澳洲造成的野兔成灾、北美科罗拉多草原消灭狼导致的鹿群增殖过多使草原遭到破坏，都是这方面的突出例子。

动物之间的捕食与被捕食关系对于维持生态系统的协调和平衡具有重要意义。许多猛兽、蛇类和部分兽类如黄鼠狼和狐狸等，都是老鼠的天敌。一只猫头鹰一个夏季可捕鼠1000多只；一条中等大小的成年蛇，每年约捕鼠150只；一只黄鼠狼一年可捕鼠200 ~ 300只。现在，由于这些鼠类天敌被捕杀，或者被农药毒杀，或因栖息地被破坏而大量减少，才使老鼠迅速增加，成为巨大的生态危害。

在植物和动物之间，须特别注意保护单一食性动物的食物来源。在这方面，大熊猫和箭竹的关系最能说明问题。实际上，在任何生态系统中，当植物受到影响时，都会不同程度地影响到相关动物的生存。

### （四）环境条件匹配性

生态系统结构的完整性也包括无生命的环境因子在内。土壤、水和植被三者是构成生态系统的支柱，他们之间的匹配性对生态系统的平衡具有决定性意义。环境的匹配性当首推水分。水分供应充足、均匀或应时，水质好，都对生态系统有重要影响。土壤的影响很复杂，氮、磷、钾肥分的适当配比、土壤的结构、性质和有机质的含量，都有重要影响。

影响生态系统环境功能甚至影响系统自身稳定性的另一个关键是生态过程，主要是物质的循环和能量的流动两个主要过程。这个运行过程必须持续进行，削弱这一过程或切断运行中的某一环节，都会使生态系统恶化甚至完全崩溃。

保持生态系统物质循环的根本措施是任一种元素（物质）从某个环节被移出系统之外，都必须以一定的方式予以补充。例如，在农田生态的物质循环中，当作物收获带走养分时，就须施肥予以补充。同理，当某地植被因开发建设活动遭到破坏或清除时，就须人工补建绿色植被予以补偿，从而维持物质的循环作用。

能量流动是指来自太阳的光能经植物光合作用变为有机物（化学能）被储存起来，然后沿植物、动物和微生物的方向被传递。构成能量流动的核心是绿色植物，因此，能量流动的持续性也是以绿色植物的保护为核心的。

## 二、保持生态系统的再生产能力

生态系统都有一定的再生和恢复功能。一般来说，组成生态系统的层次越多，结构越复杂，系统越趋于稳定，受到外力干扰后，恢复其功能的自我调节能力也越强；相反，越是简单的系统越是显得脆弱，受外力作用后，其恢复能力也越弱。

生态系统的再生与恢复功能受两种作用左右：一是生物的生殖潜力，二是环境的制约能力。生物的生殖潜力一般较大，而且越是处于生物链底层的生物其生殖潜力越大，越是处于食物链顶端的生物其生殖潜力越小。如昆虫和老鼠，其生殖潜力非常大，尽管人们千方百计地除虫和灭鼠，但虫害和鼠害却一天重似一天。相反，鸟类的生殖潜力则较小，受到的制约因素也较多。

为保持生态系统的再生与恢复能力，一般应遵循如下基本原理：

一是保持一定的生境范围或寻找条件类似的替代生境，使生态环境得以就地恢复或异地重建；

二是保持生态系统恢复或重建所必需的环境条件；

三是保护尽可能多的物种和生境类型，使重建或恢复后的生态系统趋于稳定；

四是保护生物群落和生态系统的关键种，即保护能决定生态系统结构和动态的生物种或建群种；

五是保护居于食物链顶端的生物及其生境；

六是对于退化中的生态系统，应保证主要生态条件的改善；

七是以可持续的方式开发利用生物资源。

许多生态系统的变化或破坏，是由于人类强度和过度开发利用其中的某些生物资源造成的；而生态系统结构的恶化，使生物资源的生产能力降低，从而又加剧对其他生态系统的压力，并最终影响到人类经济社会的可持续发展。所以，从保障人类社会可持续发展出发，对于可再生资源的利用，应注意将人类开发和获取生物资源的规模和强度限制在资源再生产的速率之下，不使过度消耗资源而导致其枯竭。例如，森林限量砍伐、不超过森林生长量（采补平衡）；鱼类限量捕捞或限制网目、规定捕鱼期和禁渔期，保障鱼类的再生产；鼓励生物资源利用对象和利用方式的多样化，减轻对某种资源的开发压力；改善生物资源生存与养育的环境条件，即改善生态环境，提高生物资源的生产力。

## 三、以保护生物多样性为核心

尽管生物多样性有遗传多样性、物种多样性和生态系统多样性三个层次，但人们关注的焦点是易于观察和采取行动的动植物的物种多样性保护问题，尤其是物种的濒危和灭绝问题。导致动植物物种灭绝的原因主要是人为作用，如砍伐森林，开垦荒地，围垦湿地；过度收获某些生物资源，乱捕滥猎；等等。野生生物贸易和商业性利用常导致某些生物资源的过度开发和迅速灭绝。象牙、犀角、麝香贸易导致大象、犀牛和麝的濒危与灭绝是这方面的典型例证。国内屡禁不止的野味餐馆是造成一些动物稀少和濒危的重要原因。

建立自然保护区是人类保护生物多样性的主要措施。但保护的效能却不尽如人意。一般而言，为有效进行生物多样性保护，应遵循如下基本原则：

### （一）避免物种濒危和灭绝

这是针对物种大规模的灭绝而采取的一种应急措施，主要采取建立自然保护区、捕获繁殖、重新引种、试管受精技术以及建立种子、胚胎和基因库等方法保存物种和基因。

### （二）保护生态系统的完整性

这包括保护生态系统类型、结构、组成的完整性和保护生态过程。由于生态因子间紧密的相关性特点，保护生物多样性必须是全面的即保护所有的物种并使之相互平衡，保护所有组成生态系统的非生物因子，不削弱其对生态系统的支持能力；保护所有的生态过程，使其按照固有的内在规律运行。

### （三）防止生境损失和干扰

对大多数野生动物来说，最大的威胁来自其生境被分割、缩小、破坏和退化。生境改变一般是将高生物多样性的自然生态系统变为低生物多样性的半自然生态系统，如森林转化为草原或农田，自然的水域或滩涂转化为人工鱼塘或虾池等。另一种过程是将大面积连片的生态系统分割成一个个“孤岛”，形成脆弱的岛屿生境。现在一些残存生物多样性高的生态系统，如湿地、荒地、原始森林、珊瑚礁等和一些拥有特殊物种的生态系统，已成为生物多样性保护的敏感目标。这类生境的损失，对生物多样性影响十分大，有些是毁灭性的。

### （四）保持生态系统的自然性

对自然保护区的研究发现，自然保护区中的物种和遗传因子一直不断地受到侵蚀。其原因，除保护区的面积较小、无法避免“岛屿”生境的作用外，人为干预过多也是一个重要原因。由于公园管理要人为地引进物种（如植树）、控制生物（如过火）、实施管理（如修路、开渠、筑坝）等，都会使自然保护区失去其自然性，从而导致生物多样性的侵蚀。生物多样性保护不单单保护动植物物种，而且也需要保护物种间的关系以及演化过程和生态过程。因此，尽可能保持生态系统的自然性，减少任何人为的干预、“改善”“建设”，是生物多样性保护的法则之一。

### （五）可持续地开发利用生态资源

生态资源对人类社会经济的发展有着重要意义，而许多生物资源和生态系统却经常处于人为作用之下。因此，人类开发利用这类资源的方式和强度，对生物多样性有着至关重要的影响。例如，综合和有限度地利用森林的多种非木材产品而不是砍伐木材，实际效益高而持久；农业品种多样性比单作有着更高的生态意义。控制外来物种，保持自然的水文状况，实行可持续利用的管理等，都是保护生物多样性所必不可少的。现在，重要的是要避免商业性的过度采伐、猎捕和更替等影响。

### （六）恢复被破坏的生态系统和生境

对于已被破坏的生态系统，要模仿自然群落来重建整个生物群落。这在生物多样性保护中虽然作用有限，但恢复的生态系统可被人类重新利用，并可减缓对残余的原生生境的压力。在陆地上，生态系统恢复的主要手段是恢复植被，尤其是恢复森林植被。在陆地生态系统中，森林植被因有比其他生态系统大得多的环境功能，其中包括保护生物多样性的功能，因而是重建生态系统的重点和基础。

## 四、保护特殊重要的生境

在地球上，有一些生态系统孕育的生物物种特别丰富。这类生态系统的损失会导致较多的生物灭绝或受威胁，还有一些生境，生息着需要特别保护的珍稀濒危物种。这些生境都是必须重点保护的对象。

### （一）热带森林

单位面积的热带森林所赋存的植物和动物物种最多。例如，亚马孙热带雨林中，$1hm^2$

雨林就有胸径 10cm 以上的树种 87 ~ 300 种之多。我国的热带森林较少，主要分布在海南岛和云南西双版纳地区。同世界热带森林一样，我国热带森林也是物种最丰富的地区。目前，这些地区受到游牧农业、采薪伐木和商业性采伐的威胁，开发建设项目和农业开垦也是重要的影响因素。

### （二）原始森林

我国残存的原始森林已经很少，因而显得格外珍贵。目前，残存的原始森林大多在峡谷深处、峻岭之巅。这些森林不仅是重要的物种保护库，而且是科学研究的基地。原始森林面临的最大威胁是商业性砍伐和人类活动干扰，而水陆道路的沟通使许多原先人迹罕至的地方通车通航，常是导致这些森林消失的主要因素。

### （三）湿地生态系统

湿地是开放水体与陆地之间过渡的生态系统，具有特殊的生态结构和功能。按照“国际重要湿地特别是水禽栖息地公约”的定义，湿地是指沼泽地、沼原、泥炭地或水域，无论是天然的或人工的、永远的或暂时的，其水体是静止的或流动的，是淡水、半咸水或咸水，还包括落潮时深不超过 6m 的海域。

湿地是许多种喜水植物的生长地，也是很多水鸟、水禽栖息地，并且是许多鱼虾贝类的产卵地和索饵地。湿地是生产力很高的自然生态系统，每平方米平均生产动物蛋白 9g。湿地有多种生态环境功能，如储蓄水资源、改善地区小气候、消纳废物、净化水质等。红树林湿地是目前研究较多且受到高度重视的湿地生境。红树林的生态功能包括防风防潮、保护海岸免遭侵蚀；提供木材和化工原料；为许多鱼虾贝类提供繁殖、育肥基地。

湿地受到人类活动的压力主要包括疏干和围垦变为农田，填筑转化为城镇或工业用地，截流水源使湿地变干，养殖业发展特别是将湿地变为人工鱼池或虾池，伐木破坏湿地生态系统，筑路或其他用途挤占湿地等。

### （四）荒野地

荒野地是指基本以自然力作用为主尚未被人类活动显著改变的土地，即没有永久性居住区或道路，未强度垦耕或连续放牧的土地。荒野地是人类尚未完全占领的野生生物生境，是现在地球上野生生物得以生存的“生态岛”和主要避难所。荒野地的生态学价值是其他土地不可替代的。荒野地受到的压力是：人口增加和经济开发活动的不断蚕食，石油、天然气和其他矿业开发活动的破坏，公路铁路穿越的分割作用，狩猎和采集采伐活动的干扰，缺乏正确认识导致的盲目开发与破坏；等等。

### （五）珊瑚礁和红树林

珊瑚礁和红树林是海洋中生物多样性最高的地方，又是保护海岸防止侵蚀的重要屏障。珊瑚礁因其具有较高的直接使用价值而使受到破坏的可能性增大。

## 第三节 生物多样性及其保护

### 一、生物多样性的组成和层次

生物圈中最普遍的特征之一是生物多样性。生物多样性系指某一区域内遗传基因的品系，物种和生态系统多样性的总和。它涵盖了种内基因变化的多样性、生物物种的多样性和生态系统的多样性三个层次，完整地描述了生命系统中从微观到宏观的不同方面。

物种多样性是指地球上生命有机体的多样性。一般来说，某一物种的活体数量超大，其基因变异性的机会亦越大。但某些物种活体数量的过分增加，亦可能导致其他物种活体数量的减少，甚至减少物种的多样性。生态系统的多样性是指物种存在的生态复合体系的多样性和健康状态，即指生物圈内的生境、生物群落和生态过程的多样性。生态系统是所有物种存在的基础。物种的相互依存性和相互制约性形成了生态系统的主要特征——整体性。生物与生境的密切关系形成了生态系统的地域性特征，而生态系统包含众多物种和基因又形成了其层次性特征。

由于地球上生物的演化过程会产生新的物种，而新的生态环境又可能造成其他一些物种的消失，所以生物多样性是不断变化的。人类社会从远古发展至今，无论是狩猎、游牧、农耕，还是现代生产的集约化经营，均建立在生物多样性的基础上。正是地球上的生物多样性及其形成的生物资源，构成了人类赖以生存的生命支持系统。然而，人口的急剧增长和大规模的经济活动正使许多物种灭绝，造成生物多样性损失。这一问题已引起世界的广泛关注，并开始加强对生物多样性的认识和寻求保护生物多样性的途径。

### 二、生物多样性保护

生物多样性包括以下六个方面内容：

#### （一）就地保护。

选择有代表性的生态系统类型，生物多样性程度高的地点，具有稀有种和濒危种的地点加以保护并进行适宜的管理。

（二）异地保护。

对保护区周围的地区进行管理以补充和加强保护区内部的生物多样性保护。

（三）寻找合适的管理方法

兼顾国家对生物多样性的保护和当地居民对生物资源的使用，增加地方从保护项目中所能得到的利益。

（四）以动、植物园的形式建立异地基因库

在保护濒危（或稀有）动植物物种的同时，对公众进行宣传教育，并为研究人员提供研究对象和基地。

（五）在就地保护区和异地保护区

对其指示性物种的种群变化和保护状况进行监测。

（六）调整现有的国家和国际政策以促进对生境的持续利用（如采取补贴的办法）

目前，就地保护是生物多样性保护的主要方式。就地保护分为维持生态系统和物种管理两种类型。维持生态系统的管理体系包括国家公园、供研究用的自然区域、海洋保护区和资源开发区。物种管理的体系包括农业生态系统、野生生物避难所、就地基因库、野生动物园和保护区。

## 第四节 自然保护区

### 一、自然保护区

自然保护区是指用国家法律的形式确定的长期保护和恢复的自然综合体，为此而划定的空间范围，在其所属范围内严禁任何直接利用自然资源的一切经营性生产活动。自然保护区是保存物种资源和繁衍后代的场所，建立自然保护区是保护物种资源的一项基本措施，也是生物多样性就地保护的主要措施。

### （一）自然保护区的类型

根据国际自然与自然保护同盟（IUCN）的划定，自然保护区分为以下十类，其中最后两类是重叠于前八类的国际性保护区。

1. 绝对自然保护区 / 科研保护区

主要是保护自然界，使自然过程不受干扰，以便为科学研究、环境监测、教育提供具有代表性的自然环境实例，并使遗传资源保持动态和演化状态。

2. 国家公园

保护在科研、教育和娱乐方面具有国家意义或国际意义的重要自然区和风景区。这些地区实质上是未被人类活动改变的较大自然区域。

3. 自然纪念物保护区 / 自然景物保护区

保护和保留那些具有特殊意义或独特性的重要自然景观。

4. 受控自然保护区 / 野生生物保护区

保护具有国家和世界意义的生态系统、生物群落和生物物种，保护它们持续生存所需要的特定的栖息地。

5. 保护性景观和海景

保护具有国家意义的景观，这些景观以人类与土地和睦相处为特征，并通过这些地区正常生活方式、娱乐和旅游，为公众提供享受机会。

6. 自然资源保护区

这类保护区既可以是多种单项自然资源的保护和储备地，也可以是综合自然资源的整体性保护地。目的是保护自然资源，防止和抑制那些可能影响自然资源的开发活动，使自然资源得到合理利用。

7. 人类学保护区 / 自然生物保护区

对偏僻隔离地区的部落民族所在地加以保护，保持那里传统的资源开发方式。

8. 多种经营管理 / 资源经营管理区

这一类保护区范围广，可以包括木材生产、水资源、草场、野生动物等多方面利用，或可能因受到人为影响而改变自然地貌，为了保持物种种源以及本地区永续利用，对该地区进行规划经营，加以保护性管理。

9. 生物圈保护区

这是为了目前和未来的利用而保护生态系统中动植物生物群落的多样性和完整性，保护物种继续演化所依赖的物种遗传多样性。

10. 世界自然遗产保护区

这类保护区是为了保护具有世界意义的自然地貌，是由世界遗产公约成员国所推荐的世界独特自然区和文化区。

### （二）自然保护区的等级划分

国际自然保护同盟将保护区划分为如下六个等级：

Ⅰ类保护区：严格的自然保护或野生保护区。为科学研究、环境监测、教育和在动态进化条件下保护遗传资源，维持自然过程不受干扰。

Ⅱ类保护区：自然公园。为了科研、教育等而予以保护的国内或国际上有重要意义的自然区和风景区。这类区域通常面积较大，未受人类活动干扰，不允许从保护区获得资源。

Ⅲ类保护区：自然山峰或自然陆地标记物。被保护的有重要意义的自然特征，它们有特别的价值或独特的风格。这类保护区通常面积较小，只对其特征部分予以保护。

Ⅳ类保护区：生境或物种管理区。为了就地保护具有重要意义的物种、类群、生物群落以及生态环境特征，对其自然条件予以保护，并进行必要的人工管理。在这类保护区中，允许适当采集某些资源。

Ⅴ类保护区：自然景观或海洋景观保护区。指维持自然状态的重要自然风景区，在这些风景区中人与环境和谐相处，人们可以在此休息和旅游。这些风景区通常是自然景观和人文景观结合的产物，其传统的土地利用保持不变。

Ⅵ类保护区：资源管理保护区。在长期保护和维护生物多样性的同时，提供持续的自然产品和服务以满足当地居民的需要。它们的面积比较大，自然系统基本上未被改变。在这里，传统的和可持续的资源利用得到鼓励。

我国按自然保护区的重要性将其划分为国家级、省（市）级、市级、县级自然保护区。

## 二、选择自然保护区的条件

根据区域的典型性、自然性、稀有性、脆弱性、生物多样性、面积大小及科学研究价值等方面选择确定自然保护区，一般应满足下述条件：

一是不同自然地带具有代表性的生态系统（在原生类型已消灭的地区，可选择具有代表性的次生类型）和自然综合体；

二是区域特有的或世界性的珍稀或濒危生物种和生物群落的集中分布区；

三是具有重要科学价值的自然历史遗迹（地质的、地貌的、古生物的、植物的等）；

四是在维护生态平衡方面具有特殊重要意义而需要保护的地区；

五是在利用和保护自然方面具有成功经验的地区，这些地区往往不仅具有重要的科学研究或观赏意义，而且有重要的经济价值。

在具体设立保护区网络时，一般可将全国分成不同的区域，在每个区域内，按其包括的主要生物群落类型，确定一批具有代表性和具有特殊保护价值的地域，作为设立保护区的考虑对象。

## 三、自然保护区功能分区

一个典型的自然保护区，一般可划分为三个区域，即核心区、缓冲区和实验区。由于三个区域的生物多样性、地位和功能不同，保护的重点和方式也有所不同。

核心区是各种原生性生态系统保存最好和珍稀濒危动植物集中分布的区域。它突出反映保护区的保护目的，并且包括保护对象持续生存所必需的所有资源。核心区应具有丰富的自然多样性和一定程度的文化多样性，重点是保护完整的、有代表性的生态系统及其生态过程，因此，核心区的面积应大到足以构成有效的保护单元。核心区的人为活动应严格限制，一般仅限于物种调查和生态监测，不能采样或采集标本。为保持自然状态还应限制其中科学考察活动的频率和规模。核心区可以有一个或几个。

核心区外围应设缓冲区。缓冲区是自然性景观向人为影响下的自然景观过渡的区域，其主要目的是保护核心区，以缓冲外来干扰对核心区的影响。缓冲区的生物群落应与核心区相同或是其中的一部分，其宽度应根据保护性质和实际需要确定，一般不应小于500m。对于核心区比较小或保护对象季节性迁移的保护区，较宽阔的缓冲区直接起到保护作用。缓冲区是保护区内开展定位科学研究的主要区域，可以适当采样和采集标本，以及开展有限制的旅游活动。

核心区和缓冲区的外围是实验区，它包括部分原生或次生生态系统，人工生态系统或荒山荒地，也可以包括当地居民传统土地利用方式而形成的与周围环境和谐的自然景观。

实验区主要是探索资源保护与可持续利用有效结合的途径，在有效保护的前提下，对资源进行适度利用，并成为带动周围更大区域实现可持续发展的示范地。

在实验区内可以进行一定规模的幼林抚育、次生林改造、林副产品利用、荒山荒地造林以及动物饲养、驯化、招引等活动。通过这些活动，使自然保护区纳入地区发展规划中，既保护了自然资源和生物多样性，又促进了地区发展。

自然保护区功能分区应遵循下述原则：

### （一）保护第一的原则

核心区、缓冲区和实验区的功能有所不同，核心区重点在保护，缓冲区提供研究基地，实验区为地区发展做示范引领。无论是核心区、缓冲区，还是实验区，保护目标应是统一的，都必须有利于保护对象的持续生存。保护区中一般只允许在实验区有人工景观，但仅限于必要设施，与保护无关的生活服务、旅游接待等设施应尽可能布置在保护区外。

### （二）核心区与缓冲区的生态完整性原则

核心区的景观应是自然的、多样性的。野生生物的栖息地板块中，有时会出现已退化的不适合野生生物生存的零星碎片，形成栖息地空洞现象。将这些碎片与好的栖息地背景一并设计成一个完整的没有空洞的核心区，会使这些退化的栖息地碎片得以逐步恢复。一些生态环境不太好的地段，如果被核心区包围或基本隔绝，那么应按核心区的标准来管理，重点保护生物的栖息地，应纳入核心区；对不便于划入核心区的地块，可划入缓冲区。

### （三）实验区的可持续性原则

实验区具有保护与发展的双重任务，其可持续性直接影响到自然保护区的可持续发展。实验区由于要同时实现保护、科研和资源利用等多重目标，因而与核心区相比，其管理要求应当更高。实验区不应固定比例，其位置和面积应在确保保护目标的前提下，根据自然资源利用的可能性及限制条件决定。

实验区的一切科学实验活动要有利于保护目标的实现和保护区的可持续发展，要对实验活动的规模、类型和强度做必要的限制。可以根据生物圈保护区的思想，在实验区外围设置保护地带，并对保护地带内的生产活动做出规定，以扩大保护区的实际保护范围。

# 第三章　污水处理控制工程

## 第一节　物理化学处理法

物理处理法的基本原理是利用物理作用使漂浮状态和悬浮状态的污染物质与废水分离，以达到污水净化的目的。在处理过程中污染物质不发生变化，使废水得到一定程度的澄清，又可对回收分离下来的物质加以利用，主要包括格栅、沉淀、过滤、气浮等工艺。该法的最大优点是简单、易行，并且十分经济，但是效果较差，常常作为污水处理的预处理过程。

物理法和化学法与生物处理法相比，能较迅速、有效地去除更多的污染物，可作为生物处理后的一级处理、一级强化处理或三级处理工艺。此法还具有设备容易操作、容易实现自动检测和控制、便于回收利用等优点。

### 一、格栅和筛网

格栅和筛网是污水处理的第一个处理单元，通常设置在污水处理厂各处理构筑物之前，它们的主要作用是：去除污水中粗大的漂浮物，保护污水处理机械设备（如提升泵等）和后续处理单元的正常运行。污水处理厂一般设置两道格栅，第一道为粗格栅，常常设置在污水提升泵前，用于拦截粗大漂浮的物质，防止粗大漂浮的物质进入提升泵而引发故障；第二道为细格栅，常常设置在沉沙池前，进一步拦截较粗大漂浮物，保证沉沙池的正常运行。

城市污水通过下水道收集并送入污水处理厂的集水井，污水中往往会夹杂着树叶、塑料瓶、衣物等漂浮物，所以污水首先应经过斜置在渠道内的一组由金属制成的呈纵向平行的框条（格栅）、穿孔板或过滤网（筛网），使漂浮物或悬浮物不能通过而被阻留在格栅、细筛或滤料上。被格栅拦截下来的各类污染物统称为栅渣。

格栅按形状分为：平面格栅，筛网呈平面；曲面格栅，筛网呈弧状。按栅条的缝隙大小分为：粗格栅（50 ~ 100mm）、中格栅（10 ~ 40mm）和细格栅（3 ~ 10mm）。按栅渣清理方式分为：人工清理和机械清理。栅渣应及时清理和处理。

筛网主要用于截留粒度在数毫米到数十毫米的细碎悬浮杂物，如纤维、纸浆、藻类等，筛网通常用金属丝、化纤编织而成，或用穿孔钢板制成，孔径一般小于5mm，最小可为

0.2mm。筛网过滤装置有转鼓式、旋转式、转盘式、固定式振动斜筛等形式。不论何种结构，既要能截留污物，又要便于卸料及清理筛面。

水力旋转筛网非常适合于纤维类物质较多的污水处理，因为纤维类物质容易从污水中被拦截下来，但是纤维类物质容易在格栅前杂乱无章地交织成不透水结构，容易导致污水的漫溢，如桑拿洗浴废水、洗衣废水等。而水力旋转筛网能及时地将筛网上的拦截物抖落，不至于引起堵塞。

栅渣的数量与格栅缝隙、污水水质、所处地区等有关，在生活污水处理过程中，当缝隙宽度为 10 ~ 25mm 时栅渣量为 22 ~ 60L/1000m$^3$；缝隙宽度为 25 ~ 50mm 时栅渣量为 5 ~ 22L/1000m$^3$。栅渣的含水率为 75% ~ 85%，密度为 950kg/m$^3$ 左右，有机物占 80% ~ 85%。

栅渣的处置方法包括填埋、土地卫生堆弃、堆肥发酵、焚烧等，也可以将栅渣粉碎后送到污水中，作为可沉固体与初次沉淀池污泥合并处理。

## 二、沉沙池

沉沙池主要用于去除污水中粒径大于0.2mm，密度大于2.65t/m$^3$，的沙粒，以保护管道、阀门等设施免受磨损和阻塞。

沉沙池的工作原理是以重力分离为基础，即将进入沉沙池的污水流速控制在只能使比重大的无机颗粒下沉，而有机悬浮颗粒则随水流被带走。沉沙池种类可分为平流式沉沙池、竖流式沉沙池、曝气沉沙池和旋流式沉沙池四种基本形式。

### （一）平流式沉沙池

平流式沉沙池是最常见、最传统的一种沉沙池，具有构造简单、工作稳定、处理效果好且易于排沙等特点。

平流式沉沙池的工作原理是使污水从一端缓缓地流过构筑物，密度较大的颗粒物得到自然沉降而去除。平流式沉沙池的缺点是占地面积大。

### （二）竖流式沉沙池

竖流式沉沙池是一个圆形池子或多边形池子，污水由中心管底部进入沉淀池后自下而上流出沉淀池，而沙粒则在中心管中借重力作用沉于池底，由于污水和沙粒从中心管中分离，污水的向上流动也影响了沙粒的重力沉降，所以它的处理效果一般较差，一般适合于小型污水处理厂或占地较紧张的中型污水处理厂。

### （三）曝气沉沙池

由于沉沙池沉降下来的沉渣中往往夹杂、吸附一定量的有机物，容易腐败发臭，特别是气温较高的时候，容易产生恶臭气味，目前广泛使用的曝气沉沙池可以克服这一缺点。曝气沉沙池有占地小、能耗低、土建费用低等优点，故多采用曝气沉沙池。曝气沉沙池是在平流沉沙池的侧墙上设置一排空气扩散器，使污水产生横向流动，形成螺旋形的旋转状态，沙砾之间产生相互摩擦，使附着在沙砾表面的污染物脱落下来，并随水流走。

曝气沉沙池从 20 世纪 50 年代开始试用，目前已推广使用。它具有下述特点：①沉沙中含有机物的质量分数低于 5%，不容易发臭；②由于池中设有曝气设备，它还具有预曝气、脱臭、防止污水厌氧分解、除泡和加速油类分离等作用。这些特点对后续的沉淀、曝气、污泥消化池的正常运行和沉沙的干燥脱水提供了有利条件。

### （四）旋流式沉沙池

旋流式沉沙池是近些年发展起来的一种沉沙池，往往与 A2/O 工艺联用，旋流式沉沙池通过旋流作用将沙粒和水完全分离，但是不增加水体中的溶解氧。在沉沙池中间设有可调速的桨板，使池内的水流保持环流。桨板、挡板和进水水流组合在一起，旋转的涡轮叶片使沙粒呈螺旋形流动，促进有机物和沙粒的分离，由于所受离心力不同，相对密度较大的沙粒被甩向池壁，在重力作用下沉入沙斗；而较轻的有机物，则在沉沙池中间部分与沙子分离，有机物随出水旋流带出池外。通过调整转速，可以达到最佳的沉沙效果。沙斗内沉沙可以采用空气提升、排沙泵排沙等方式排除，再经过沙水分离达到清洁排沙的标准。

## 三、过滤

格栅、筛网和沉沙池主要用于去除污水中一些尺寸较大的漂浮物和密度较大的颗粒物，但是对悬浮物的去除效果偏低。过滤工艺对污水中悬浮物、颗粒物、胶体等去除效果非常显著，经过过滤池的污水透明度会显著提高。

废水通过粒状滤料（如石英沙、陶粒、无烟煤等）床层时，其中细小的悬浮物和胶体就被截留在滤料的表面和内部空隙中，这种通过粒状介质层分离不溶性污染物的方法称为过滤。

### （一）阻力截留

当废水自上而下（或自下而上）流过粒状滤料层时，粒径较大的悬浮物被机械截留在表层滤料的空隙中，从而使此层（也称纳污层）滤料空隙越来越小，截污能力随之变得越来越高，结果逐渐形成一层主要由截留的固体颗粒形成的滤膜，可进一步提高过滤效果；当然，纳污层会随着污水处理过程的增加会逐渐增厚，直到纳污层分布到整个滤层，滤池的滤层失去纳污能力，表示运行周期结束，滤池就要进行反冲洗以恢复滤层的纳污能力。

### （二）重力沉降

废水通过滤层时，众多的滤料表面提供了巨大的沉降面积。1 $m^3$ 粒径为 0.5mm 的滤料中就有 $400m^2$ 不受水力冲刷影响而提供悬浮物沉降的有效面积，形成无数的小“沉淀池”，悬浮物极易在此沉降下来。

### （三）接触絮凝

由于滤料具有巨大的比表面积，它与悬浮物之间有明显的物理吸附作用。此外，沙粒在水中常常带有表面负电荷，能吸附带正电荷的铁、铝等胶体，从而在滤料表面形成带正电荷的薄膜，并进而吸附带负电荷的黏土和多种有机物胶体，在沙粒表面发生接触絮凝。按滤层层数可分为单层、双层和多层滤池；按作用力不同可分为重力滤池和压力滤池；按过滤速度可分为慢滤池和快滤池。

过滤工艺包括过滤和反冲洗两个基本阶段。过滤即截留污物，反冲洗即把污染物从滤层中洗去，使之恢复过滤功能。过滤周期是指滤池从过滤开始到结束所延续的时间称为过滤周期（或工作周期）。

滤料是滤池中最重要的组成部分，是完成过滤的主要介质，分为天然滤料和人工滤料。除了有足够的机械强度、较好的化学稳定性、适宜的级配和孔隙率外，还必须满足：①滤料纳污能力强，过滤水头损失小，工作周期长；②出水水质符合回用或外排的要求；③反冲洗耗水量少，效果好，反洗后滤料分层稳定而不发生很大程度的滤料混杂；④滤料质量密度介于 1.1 ~ 1.3g/L，以节省反冲洗的动力消耗。

## 四、气浮

气浮处理法就是在废水中生产大量的微小气泡作为载体去黏附废水中微细的疏水性悬浮固体和乳化油，使其随气泡浮升到水面形成泡沫层，然后用机械方法撇除，从而使得污染物从废水中分离出来。

气浮法原理：悬浮物表面有亲水和憎水之分，憎水性颗粒表面容易附着气泡，因而可用气浮法；亲水性颗粒用适当的化学药品处理后可以转为憎水性，然后采用气浮法除去，这种方法称为“浮选”。水处理中的气浮法，常用混凝剂使胶体颗粒结为絮体，絮体具有网络结构，容易截留气泡，从而提高气浮效率。再者，水中如有表面活性剂（如洗涤剂）

可形成泡沫，也有附着悬浮颗粒一起上升的作用。

气浮池池面通常为长方形，平底或锥底，出水管位置略高于池底，水面设刮泥机和集泥槽。因为附有气泡的颗粒上浮速度很快，所以气浮池容积较小，水流停留时间仅 10 余分钟。气浮时要求气泡的分散度高，量多，有利于提高气浮的效果。泡沫层的稳定性要适当，既便于浮渣稳定在水面上，又不影响浮渣的运送和脱水。产生气泡的方法主要有以下三种：

## （一）电解气浮法

电解气浮法是向污水中通入 5 ~ 10V 的直流电，从而产生微小气泡。但由于电耗大，电极板极易结垢，所以主要用于中小规模的工业废水处理。

## （二）曝气气浮法

曝气气浮法又称分散空气法，是在气浮池的底部设置微孔扩散板或扩散管，压缩空气从板面或管面以微小气泡形式逸出水中。也可在池底处安装叶轮，轮轴垂直于水面，而压缩空气通到叶轮下方，借叶轮高速转动时的搅拌作用，将大气泡切割成小气泡。曝气气浮法如图 3–1（a）所示。

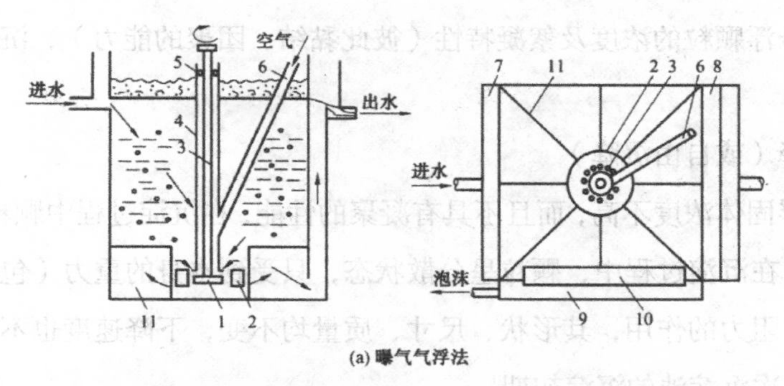


(a) 曝气气浮法

1—叶轮；2—盖板；3—转轴；4—轴套；5—轴承；6—进气管；7—进水槽；8—出水槽；9—泡沫槽；10—刮沫板；11—整流板

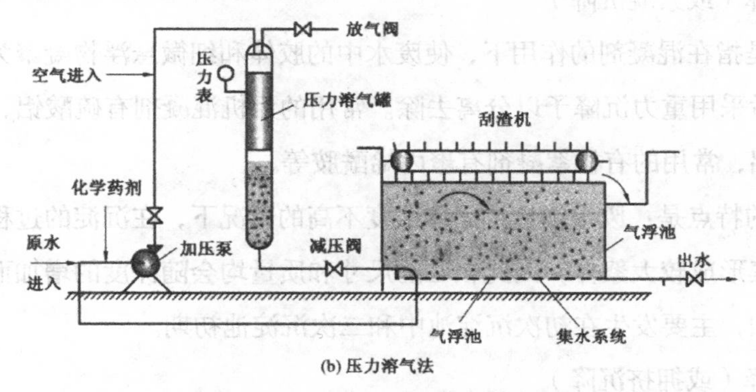


(b) 压力溶气法

图 3–1 两种气浮法

### （三）压力溶气法

将空气在一定的压力下溶于水中，并达到饱和状态，然后突然减压，过饱和的空气便以微小气泡的形式从水中逸出。目前废水处理中的气浮工艺多采用压力溶气法，如图 3–1（b）所示。

压力溶气法的主要缺点是：耗电量较大；设备维修及管理工作量增加，运行部分常有堵塞的可能，浮渣露出水面易受风、雨等气候因素的影响。

压力溶气法的应用：分离水中的细小悬浮物、藻类及微絮体；回收工业废水中的有用物质，如造纸废水中的纸浆纤维及填料；代替二次沉淀池，分离和浓缩剩余活性污泥，特别适用于已经产生污泥膨胀的二次沉淀池；分离回收含油废水中的悬浮油和乳化油。

## 五、沉淀

沉淀法是利用废水中的悬浮物颗粒和水比重不同的原理，借助重力沉降作用将悬浮颗粒从水中分离出来的方法，应用十分广泛。

### （一）沉淀类型

根据水中悬浮颗粒的浓度及絮凝特性（彼此黏结、团聚的能力），沉淀类型可分为以下四种：

1. 分离沉降（或自由沉降）

废水中悬浮固体浓度不高，而且不具有凝聚的性能，在沉淀过程中颗粒之间互不聚合，单独进行沉降。在沉淀过程中，颗粒呈分散状态，只受到本身的重力（包括本身重力和水的浮力）和水流阻力的作用，其形状、尺寸、质量均不变，下降速度也不改变，主要发生在沉沙池中和初次沉淀池的沉淀初期。

2. 混凝沉降（或絮凝沉降）

混凝沉降是指在混凝剂的作用下，使废水中的胶体和细微悬浮物凝聚为具有可分离性的絮凝体，然后采用重力沉降予以分离去除。常用的无机混凝剂有硫酸铝、硫酸亚铁、三氯化铁及聚合铝，常用的有机絮凝剂有聚丙烯酰胺等。

混凝沉降的特点是：废水中悬浮固体浓度不高的情况下，在沉淀的过程中，颗粒接触碰撞而相互聚集形成较大絮体，因此颗粒的尺寸和质量均会随深度的增加而增大，其沉速也随深度而增加，主要发生在初次沉淀池中和二次沉淀池初期。

3. 成层沉降（或拥挤沉降）

当废水中悬浮颗粒的浓度提高到一定程度后，每个颗粒的沉淀将受到其周围颗粒的干扰，沉速有所降低，如浓度进一步提高，颗粒间的干涉影响加剧，沉速大的颗粒也不能超过沉速小的颗粒，在聚合力的作用下，颗粒群结合成为一个整体，各自保持相对不变的位置，共同下沉。液体与颗粒群之间形成清晰的界面，沉淀的过程实际就是这个界面下降的过程（活性污泥在二次沉淀池的后期沉淀和高浊度水的沉淀）。

4. 压缩沉降

当悬浮液中悬浮固体浓度较高时，颗粒相互接触和挤压，在上层颗粒的重力作用下，下层颗粒间隙中的水被挤出，颗粒群体被压缩。压缩沉降发生在沉淀池底部的污泥斗中或污泥浓缩池中，过程进行缓慢。

### （二）沉淀池

沉淀工艺的主要设备是沉淀池，沉淀的目的是最大限度地除去水中的悬浮物，减轻后续净化设备的负担或对后续处理起一定的保护缓冲作用。沉淀池的工作原理是使污水缓慢地流过池体，使悬浮物在重力作用下沉降。根据沉淀池中水流方向不同可以分为以下四种沉淀池：

1. 平流式沉淀池

废水从池子一端流入，按水平方向在池子内流动，水中悬浮物逐渐沉向池底，澄清水从另一端溢出。平流式沉淀池池形呈长方形，在进口处的底部设污泥斗，池底污泥在刮泥机的缓慢推动下被刮入污泥斗内。平流式沉淀池因为占地面积较大，目前常见于较为老旧的污水处理厂。

2. 辐流式沉淀池

辐流式沉淀池的池子多为圆形，直径较大，一般为20～30m，适用于大型污水处理厂。污水由进水管进入中心管后，通过管壁上的孔口和外围的环形穿孔挡板，沿径向呈辐射状流向沉淀池周边。由于过水断面不断增大，流速逐渐变小，颗粒沉降下来，澄清水从池周围溢出并汇入集水槽排出。沉于池底的泥渣由安装于桁架底部的刮板刮入泥斗，再借静压或污泥泵排出。根据进出水类型不同，辐流式沉淀池还有周边进水、中间出水，和周边进水、周边出水等类型。

3. 竖流式沉淀池

水由中心管的下口流入池中，通过反射板的拦阻向四周分布于整个水平断面上缓缓向上流动。沉速超过上升流速的颗粒则向下沉降到污泥斗，澄清后的水由池四周的堰口溢出池外，竖流式沉淀池多为圆形或方形。

4. 斜板、斜管沉淀池

斜板、斜管沉淀池是根据浅池理论设计的新型沉淀池。斜板（或斜管）相互平行地重叠在一起，间距不小于50mm，斜角为50° ~ 60°，水流从平行板（管）的一端流到另一端，使每两块板间（或每根管子）都相当于一个很浅的小沉淀池。

上述沉淀池各具特点，可适用于不同场合。平流式沉淀池结构简单，沉淀效果较好，但占地面积大，排泥存在问题较多，目前在大、中、小型水处理厂中均有采用；竖流式沉淀池占地面积小，排泥较方便，且便于管理，然而池深过大，施工难，使池的直径受到了限制，一般适用于中小型污水处理厂；辐流式沉淀池有定型的排泥机械，运行效果较好，最适宜大型水处理厂，但施工质量和管理水平要求较高。

## 六、膜分离技术

用半透膜将浓度不同的溶液隔开，溶质即从浓度高的一侧透过膜而扩散到浓度低的一侧，这种现象称为渗析作用（或称浓差渗析）。渗析作用是一个自然过程，是一个顺浓度梯度扩散的过程。

### （一）膜分离

膜分离法是利用特殊的薄膜（过滤膜）对液体中的某些成分进行选择性透过的方法，其实是利用孔径较小膜的拦截作用实现各类物质的分离和纯化，是渗析作用的反过程，所以为了实现膜分离，常常需要补充动力。溶剂透过膜的过程称为渗透，溶质透过膜的过程称为渗析。

膜分离的基本原理是：过滤膜表面具有复杂孔隙结构（海绵状支撑层和致密表皮层），当污水在抽吸泵的抽吸作用下通过滤膜，粒径较大的颗粒物会被强制拦截下来，使污水得到净化。

膜分离法的特点包括：

一是膜分离过程不发生相变，因此能量转化的效率高。例如，现在的各种海水淡化方法中反渗透法能耗最低。

二是膜分离过程在常温下进行，因而特别适于对热敏性物料如果汁、酶、药物等的分离、分级和浓缩。

三是装置简单，操作简单，控制、维修容易，且分离效率高。与其他水处理方法相比，具有占地面积小、适用范围广、处理效率高等特点。

### （二）电渗析

电渗析的原理是在直流电场的作用下，依靠对水中离子（质子）有选择透过性的离子交换膜，使离子从一种溶液透过离子交换膜进入另一种溶液，以达到分离、提纯、浓缩、回收的目的。

电渗析原理：电渗析使用的半渗透膜其实是一种离子交换膜。这种离子交换膜按离子的电荷性质可分为阳离子交换膜（阳膜）和阴离子交换膜（阴膜）两种。在电解质水溶液中，阳膜允许阳离子透过而排斥阻挡阴离子，阴膜允许阴离子透过而排斥阻挡阳离子，这就是离子交换膜的选择透过性。在电渗析过程中，离子交换膜不像离子交换树脂那样与水溶液中的某种离子发生交换，而只是对不同电性的离子起到选择性透过作用，即离子交换膜不需要再生。电渗析工艺的电极和膜组成的隔室称为极室，其中发生的电化学反应与普通的电极反应相同。阳极室内发生氧化反应，阳极水呈酸性，阳极本身容易被腐蚀；阴极室内发生还原反应，阴极水呈碱性，阴极上容易结垢。

电渗析法是20世纪50年代发展起来的一种新技术，最初用于海水淡化，现在广泛用于化工、轻工、冶金、造纸和医药工业，尤以制备纯水和在环境保护中处理三废最受重视，例如用于酸碱回收、电镀废液处理以及从工业废水中回收有用物质等。

## 七、混凝

混凝是指通过投加某种化学药剂使水中胶体粒子和微小悬浮物聚集的过程，包括凝聚和絮凝两个过程。凝聚主要指胶体脱稳并生成微小聚集体的过程，絮凝主要指脱稳的胶体或微小悬浮物聚结成大的絮凝体的过程。混凝是一种物理化学过程，涉及水中胶体粒子性质、所投加化学药剂的特性和胶体粒子与化学药剂之间的相互作用。混凝法对水体的透明度、浊度有非常显著的效果。

化学混凝所处理的对象，主要是水中的微小悬浮物和胶体杂质，微小粒径的悬浮物和胶体能在水中长期保持分散悬浮状态，即使静置数十小时以上，也不会自然沉降。这是由于胶体微粒及细微悬浮颗粒具有“稳定性”。

### （一）胶体的稳定性

天然水中的黏土类胶体、污水中的胶态蛋白质和淀粉等都带有负电荷，它的中心称为胶核，其表面选择性地吸附了一层带有同号电荷的离子，这些离子可以是胶核的组成物直接电离而产生的，也可以是从水中选择吸附 $H^+$ 或 $OH^-$ 而造成的，这层离子称为胶体微粒的电位离子，它决定了胶粒电荷的大小和符号。由于电位离子的静电引力，在其周围又吸附了大量的异号离子，这层离子称为胶体微粒的电位离子，形成了“双电层”。这些异号离子，其中紧靠电位离子的部分被牢固地吸引着，当胶核运动时，它也随着一起运动，形成固定的离子层。而其他的异号离子，离电位离子较远，受到的引力较弱，不随胶核一起运动，并有向水中扩散的趋势，形成了扩散层，固定的离子层与扩散层之间的交界面称为滑动面。滑动面以内的部分称为胶粒，胶粒与扩散层之间有一个电位差。此电位差称为胶体的电动电位，常称为电位。而胶核表面的电位离子与溶液之间的电位差称为总电位或电位。图 3–2 为胶体结构示意图。

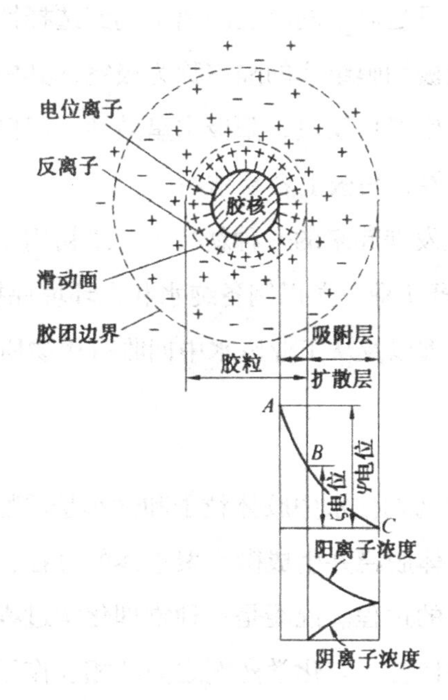


图 3–2 胶体结构示意图

胶粒在水中受以下三方面因素的影响：

一是由于胶粒带电现象，带相同电荷的胶粒产生静电斥力，而且电位越高，胶粒间的静电斥力越大。

二是受水分子热运动的撞击，使微粒在水中做不规则的运动，即“布朗运动”。

三是胶粒之间还存在着相互引力——范德瓦尔斯引力。范德瓦尔斯引力的大小与胶粒间距的 2 次方成反比，当间距较大时，此引力略去不计。

一般水中胶粒的电位较高，其互相间斥力不仅与电位有关，还与胶粒的间距有关，距离越近，斥力越大，而布朗运动的动能不足以将两颗胶粒推近到使范德瓦尔斯引力发挥作用的距离。因此，胶体微粒不能相互聚结而长期保持稳定的分散状态。

使胶体微粒不能相互聚结的另一个因素是水化作用。由于胶粒带电，将极性水分子吸引到它的周围形成一层水化膜。水化膜同样能阻止胶粒间的相互接触。但是，水化膜是伴随胶粒带电而产生的，如果胶粒的电位消除或减弱，水化膜也就随之消失或减弱。

### （二）混凝原理

化学混凝的机理至今仍未完全清楚，因为它涉及的因素很多，如水中杂质的成分和浓度、水温、水的 pH、碱度和混凝剂的性质以及混凝条件等。但归结起来，可以认为主要是四个方面的作用。

1. 压缩双电层作用

由于水中胶粒能维持稳定的分散悬浮状态，主要是由于胶粒的电位。如能消除或降低胶粒的电位，就有可能使微粒碰撞聚结，失去稳定性。在水中投加电解质——混凝剂可达此目的。例如天然水中带负电荷的黏土胶粒，在投入铁盐或铝盐等混凝剂后，混凝剂提供的大量正离子会涌入胶体扩散层甚至吸附层。因为胶核表面的总电位不变，增加扩散层及吸附层中的正离子浓度，就使扩散层减薄。当大量正离子涌入吸附层以至扩散层完全消失时，电位为零，称为等电状态。在等电状态下，胶粒间静电斥力消失，胶粒最易发生聚结。实际上，电位只要降至某一程度而使胶粒间排斥的能量小于胶粒布朗运动的动能时，胶粒就开始产生明显的聚结，这时的电位称为临界电位。胶粒因电位降低或消除以至失去稳定性的过程，称为胶粒脱稳。脱稳的胶粒相互聚结，称为凝聚。

2. 吸附－电中和作用

颗粒表面对异号离子、异号胶粒或链状分子带异号电荷的部位有强烈的吸附作用，由于这种吸附作用中和了它的部分电荷，减少了静电斥力，因而容易与其他颗粒接近而互相吸附。此时静电引力常是这些作用的主要方面，但在很多情况下，其他的作用超过了静电引力。

3. 吸附架桥作用

三价铝盐或铁盐以及其他高分子混凝剂溶于水后，经水解和缩聚反应形成高分子聚合物，具有线性结构。因其线性长度较大，这类高分子物质可被胶体微粒强烈吸附。当它的一端吸附某一胶粒后，另一端又吸附另一胶粒，在相距较远的两胶粒间进行吸附架桥，使颗粒逐渐结大，形成肉眼可见的粗大絮凝体。这种由高分子物质吸附架桥作用而使微粒相互黏结的过程，称为絮凝。

4. 网捕作用

当金属盐（如硫酸铝或氯化铁）或金属氧化物和氢氧化物（如石灰）做凝聚剂时，当投加量大得足以迅速沉淀金属氢氧化物（如 $Al(OH)_3$，$Fe(OH)_3$，$Mg(OH)_2$）或金属碳酸盐（如 $CaCO_3$）时，水中的胶粒可被这些沉淀物在形成时所网捕。当沉淀物是带正电荷（$Al(OH)_3$ 及 $Fe(OH)_3$ 在中性和酸性 pH 范围内）时，沉淀速度可因溶液中存在阴离子而加快，例如硫酸根离子。此外水中胶粒本身可作为这些金属氢氧化物沉淀物形成的核心，所以凝聚剂最佳投加量与被除去物质的浓度成反比，即胶粒越多，金属凝聚剂投加量越少。

以上介绍的混凝的四种机理，在污水处理中通常不是单独孤立的现象，而往往可能是同时存在的，只是在一定情况下以某种现象为主而已，目前看来它们可以用来解释水与废水的混凝现象。但混凝的机理尚在发展，有待通过进一步的实验以取得更完整的解释。

## 第二节 水的生物处理法

生物处理法是利用自然环境中的生物（包括微生物、动物和植物）来氧化分解废水中的有机物和某些无机毒物（如氰化物、硫化物），并将其转化为稳定无害的无机物的一种废水处理方法。污水生物处理法是建立在环境自净作用基础上的人工强化技术，其意义在于创造出有利于微生物生长繁殖的良好环境，增强微生物的代谢功能，促进微生物的增殖，加速有机物的无机化，增进污水的净化进程。该方法具有投资少、效果好、运行费用低等优点，在城市废水和工业废水的处理中得到广泛的应用。

### 一、水处理中的生物分类

#### （一）细菌

细菌是水的生物处理的主要力量之一，水的生物处理法就是利用微生物的新陈代谢作用将水中的污染物进行氧化还原，变成简单的化合物，如二氧化碳、水、氮气等，并释放出能量；同时，细菌利用这些污染物作为生长繁殖的营养物进行同化作用，合成自身的物质组成，在此过程中需要消耗能量。

水处理过程中所涉及的细菌种类繁多，包括动胶杆菌属、假单胞菌属（在含糖类、烃类污水中占优势）、产碱杆菌属（在含蛋白质多的污水中占优势）、黄杆菌属、大肠杆菌等。这些细菌在水处理构筑物中因营养物质丰富而大量繁殖，并形成菌胶团，以免流失或被吞噬。

多种细菌按一定的方式互相黏结在一起，被一个公共荚膜包围形成一定形状的细菌集团称为菌胶团。它是活性污泥絮体和滴滤池黏膜的主要组成部分，是污染物去除的核心。

### （二）真菌

真菌是水处理构筑物中的另一大类，主要包括藻类、酵母菌和霉菌等，该类微生物对水质净化具有一定的积极作用，特别是对于一些含有难降解污染物的工业污水等，但是真菌也往往是丝状菌膨胀的主要原因之一。

### （三）原生动物

原生动物是一类最原始的动物，在水处理构筑物中所包含的原生动物主要有肉足纲、鞭毛纲和纤毛纲等，这些原生动物对水质净化也有非常积极的作用，如原生动物可以摄食游离细菌和污泥颗粒，从而有利于改善活性污泥的活性和提高水质的清澈度。由于原生动物体形较大，用光学显微镜即可清晰地观察和辨认，是水处理构筑物运行状况的指示性微生物，通过辨认原生动物的种类、活性和大小等，能够判断处理水质的优劣。

### （四）微型后生动物

微型后生动物是水处理构筑物中较为高等的一类微生物，主要包括轮虫、线虫、红斑瓢体虫等，这些高等微生物对水质净化具有一定的辅助作用，主要吞噬污泥颗粒、悬浮物质、分散的细菌等，所以具有良好的指示性作用和改善污泥絮体（生物膜）的活性作用，如轮虫的出现标志着水处理构筑物运行正常和稳定，线虫的出现标志着生物滤池的堵塞，红斑瓢体虫的出现说明活性污泥老化等。当然，后生动物的数量太多，对水处理构筑物的运行也是不利的，如轮虫的数量太多，会使生物膜变得松散而流失。

### （五）高等水生植物

近些年来，随着人工湿地、植物氧化塘等工艺在水处理中的广泛应用，高等水生植物在净化水质和污水处理中的作用越来越被关注。高等水生植物具有以下作用：①高等水生植物利用同化作用使水中部分有机物转变成植物的组成部分；②高等水声植物利用光合作用使其丰富的根系周围形成富氧区、缺氧区和厌氧区，使不同生理生化特性的微生物共存，提高水中污染物的降解种类和效果；③高等水生植物的根系为鱼类的生长、产卵、繁殖和避害提供了良好的场所，同时高等水生植物的植物丛为飞禽提供了栖息地，有利于水生态系统的稳定，可提高水处理的效果。高等水生植物应用到水处理领域的经济效益、社会效益等也是非常显著的。

此外，水处理过程中还具有其他一些高等动物，如飞鸟、水禽等，能通过觅食水处理构筑物中的污泥颗粒、后生动物等来优化水处理效果。

## 二、污水的好氧生物处理

生物处理法根据微生物生长繁殖是否需要氧气分为好氧生物处理和厌氧生物处理两类。主要依赖好氧菌和兼性菌的生化作用来完成废水处理的工艺称为好氧生物处理法。该法需要有溶解氧的供应，主要有活性污泥法和生物膜法两种。

### （一）好氧菌的生化过程

好氧菌（包括兼性菌）在足够溶解氧的供给下利用废水中的有机物（溶解的和胶体的）进行好氧分解，约有 1/3 的有机物被分解转化或氧化为 $CO_2$、$NH_3$、亚硝酸盐、硝酸盐、硫酸盐等产物，同时释放出能量作为好氧菌自身生命活动的能源。此过程称为异化分解；另有 2/3 的有机物则被作为好氧菌生长繁殖所需要的构造物质，合成新的原生质（细胞质），称为同化合成过程。新的原生质就是废水生物处理过程中的活性污泥或生物膜的增长部分，通常称剩余活性污泥或称生物污泥。

当废水中的营养物（主要是有机物）缺乏时，好氧菌通过氧化体内的原生质来提供生命活动的能源（称内源代谢或内源呼吸），这将会造成微生物数量的减少。准确来说，好氧生物处理过程不仅是有机物的降解过程，而且还包括氨氮的转化。

### （二）活性污泥法

活性污泥法是处理城市废水常用的方法，也是最成熟的方法之一。它能从废水中去除溶解的和胶体的、可生物降解的有机物以及能被活性污泥吸附的悬浮固体和其他一些物质，无机盐类（磷和氮的化合物）也部分地被去除。

1. 概述

向富含有机污染物并有细菌的废水中不断地通入空气（曝气），一定时间后就会出现悬浮态絮状的泥粒，这实际上是由好氧菌（及兼性菌）、好氧菌所吸附的有机物和好氧代谢活动的产物所组成的聚集体，具有很强的分解有机物的能力，称之为“活性污泥”。活性污泥易于沉淀分离，使废水得到澄清。这种以活性污泥为主体的生物处理法称为活性污泥法。活性污泥法对废水的净化作用是通过两个步骤来完成的。

第一步为吸附阶段。因为活性污泥具有较大的表面积，好氧菌分泌的多糖类黏液具有很强的吸附作用，与废水接触后，在很短时间内（10 ~ 30min）便会有大量有机物被活性污泥所吸附，使废水中的$BOD_5$和COD出现较明显的降低（可去除85% ~ 90%）。在这一阶段也进行吸收和氧化作用。

第二步为氧化阶段。好氧菌对已吸附和吸收的有机物质进行分解代谢，使废水得到了净化；同时通过氧化分解使达到吸附饱和后的污泥重新呈现活性，恢复它的吸附和分解代谢能力。此阶段进行得十分缓慢。实际上曝气池的大部分容积内都在进行着有机物的氧化和微生物原生质的合成过程。

要想达到良好的好氧生物处理效果，须满足以下三点要求：①向好氧菌提供充足的溶解氧和适当浓度的有机物（做微生物底物）；②好氧菌和有机物（需要除去的废物）须充分接触，要有搅拌混合设备；③当好氧菌把废水中有机物吸附分解之后，活性污泥易于与水分离，同时回流污泥，重新利用。

2. 活性污泥法的基本流程

活性污泥法系统由曝气池、二次沉淀池、污泥回流装置和曝气系统组成。

待处理的废水，经初次沉淀池等构筑物预处理后与回流的活性污泥同时进入曝气池，成为混合液。由于不断曝气，活性污泥和废水充分混合接触，并有足够的溶解氧，保证了活性污泥中的好氧菌对有机物进行分解。然后混合液流至二次沉淀池，污泥沉降与澄清液分离，上清液从二次沉淀池不断地排出，沉淀下来的活性污泥一部分回流到曝气池以维持处理系统中一定的细菌数量，另一部分（剩余污泥，主要是由好氧菌不断繁殖增长及分解有机物的同时产生）则从系统中排除。

3. 曝气装置

（1）鼓风曝气

曝气池常采用长方形的池子。采用定型的鼓风机供给足够的压缩空气，并使它通过布设在池侧的散气设备进入池内与水接触，使水流充分充氧，并保持活性污泥呈悬浮状态。

（2）机械曝气

机械曝气是利用曝气器内叶轮的转动剧烈翻动水面使空气中的氧溶入水中，同时造成水位差使回流污泥循环。

此外，鼓风曝气和机械曝气经常联合使用，以提高曝气池内的曝气效果；射流曝气也是目前常见的曝气手段。

4. 活性污泥法的发展与演变

活性污泥法自发明以来，根据反应时间、进水方式、曝气设备、氧的来源、反应池型等不同，已经发展出多种变型，主要包括传统的推流式、渐减曝气法、阶段曝气法、高负荷曝气法、延时曝气法、吸附再生法、完全混合法、深井曝气法、纯氧曝气法等。这些变型方式有的还在广泛应用，同时新开发的处理工艺还在工程中接受实践的考验，采用时须慎重区别对待，因地制宜地加以选择。

根据不同的目的和要求，可以选择不同的活性污泥法工艺，例如延时曝气法有利于减少剩余污泥量，深井曝气法适用于耕地紧张的地区等。

### （三）生物膜法

当废水长期流过固体多孔性滤料（亦称生物载体或填料）表面时，微生物在介质滤料表面生长繁殖，形成黏性的膜状生物污泥，一般称之为生物膜。利用生物膜上的大量微生物吸附和降解水中有机污染物的水处理方法称为生物膜法。它与活性污泥法的不同之处在于微生物是固着生长于介质滤料表面，故又称为固着生长法，活性污泥法则又称为悬浮生长法。

生物膜具有很大的比表面积，在膜外附着一层薄薄的、缓慢流动的水层，称为附着水层。在生物膜系统中，生物膜内外、生物膜与水层之间进行多种物质的传递过程。废水中的有机物由流动水层转移到附着水层，进而被生物膜所吸附。空气中的氧溶解于流动水层中，通过附着水层传递给生物膜，供微生物呼吸之用。好氧菌对有机物进行氧化分解和同化合成，产生的 $CO_2$ 和其他代谢产物一部分溶入附着水层，一部分析出到空气中（沿着相反方向从生物膜经过水层排到空气中去）。如此循环往复，使废水中的有机物不断减少，从而净化废水。

生物膜厚度一般以 0.5 ~ 1.5mm 为佳。当生物膜超过一定厚度后，吸附的有机物在传递到生物膜内层的微生物之前就已被代谢掉。此时内层微生物得不到充分的营养而进入内源代谢，失去其黏附在滤料上的性能而脱落下来，随水流出滤池，滤料表面重新长出新的生物膜。因此，在废水处理过程中，生物膜经历着不断生长、不断剥落和不断更新的演变过程。

### （四）生物膜法净化设备

1. 生物滤池

生物滤池由滤床、布水设备和排水系统三部分组成，在平面上一般呈方形、矩形或圆形。生物滤池可分为普通生物滤池、高负荷生物滤池和塔式生物滤池三种形式。普通生物滤池又称低负荷生物滤池或滴滤池。

废水通过旋转布水器均匀地分布在滤池表面上，滤池中装满了滤料，废水沿着滤料表面从上向下流动到池底进入排水沟，流出池外并在沉淀池里进行泥水分离。滤料一般采用碎石、卵石或炉渣等颗粒滤料。滤料的工作厚度通常为 1.3 ~ 1.8m，粒径为 2.5 ~ 4cm；承托厚度为 0.2m，垫料粒径为 70 ~ 100mm。对于生活废水，普通生物滤池的有机物负荷率较低，仅为 0.1 ~ 0.3kg（$BOD_5$）/（$m^3 \cdot d$），处理效率可达 85% ~ 95%。

高负荷生物滤池的所有滤料的直径一般为 40 ~ 100mm，滤料层较厚，可达 2 ~ 4m，采用树脂和塑料制成的滤料还可以增大滤料层高度，并可以采用自然通风。高负荷生物滤池的有机物负荷率为 0.8 ~ 1.2kg（$BOD_5$）/（$m^3 \cdot d$）；滤层高度在 8 ~ 16m 的为塔式生物滤池，也属于高负荷生物滤池，其有机物负荷率可高达 2 ~ 3kg（BOD5）/（$m^3 \cdot d$）。由于负荷率高，废水在塔内停留时间很短，仅需几分钟，因而 BOD5 去除率较低，为 60% ~ 85%，一般采用机械通风供氧。

曝气生物滤池（BAF）也叫淹没式曝气生物滤池（SBF），是在普通生物滤池、高负荷生物滤池、生物滤塔、生物接触氧化法等生物膜法的基础上发展而来的，被称为第三代生物滤池。一般来说，曝气生物滤池具有以下特征：

①用粒状填料作为生物载体，如陶粒、焦炭、石英沙、活性炭等。

②区别于一般生物滤池及生物滤塔，在去除 BOD、氨氮时须进行曝气。

③高水力负荷、高容积负荷及高生物膜活性。

④具有生物氧化降解和截留悬浮固体的双重功能，生物处理单元之后无须再设二次沉淀池。

⑤须定期进行反冲洗，清洗滤池中截留的悬浮固体以及更新生物膜。

2. 生物转盘

生物转盘的工作原理和生物滤池基本相同，主要的区别是它以一系列绕水平轴转动的盘片（直径一般为 2 ~ 3m）代替固定的滤料。

生物转盘工艺是生物膜法污水生物处理技术的一种，是污水灌溉和土地处理的人工强化，这种处理法使细菌和菌类的微生物、原生动物一类的微型动物在生物转盘填料载体上生长繁育，形成膜状生物性污泥（生物膜）。

生物转盘的工作原理如下：运行时，废水在池中缓慢流动，盘片在水平轴带动下缓慢转动（0.8 ~ 3r/min）。当盘片某部分浸入废水时，生物膜吸附废水中的有机物，使好氧菌获得丰富的营养；当转出水面，生物膜又从大气中直接吸收所需的氧气。如此反复循环，使废水中的有机物在好氧菌的作用下氧化分解，盘片上的生物膜会不断地自行脱落，并随水流入二次沉淀池中除去。一般废水的 BOD 负荷保持在低于 15mg/L，可使生物膜维持正常厚度，很少形成厌氧层。

3. 生物接触氧化法

生物接触氧化法是一种介于活性污泥法与生物滤池之间的生物膜法处理工艺，具有活性污泥法和生物膜工艺的优良特性，一定程度上讲，该工艺是一种复合式生物处理法，又称为淹没式生物滤池。

水质净化原理如下：池内挂满各种填料，全部填料浸没在废水中。目前多使用的是蜂窝式或列管式填料，上下贯通，水力条件良好，氧量和有机物供应充分，同时填料表面全为生物膜所布满，保持了高浓度的生物量。在滤料支撑下部设置曝气管，用压缩空气鼓泡充氧。废水中的有机物被吸附于滤料表面的生物膜上，被好氧菌分解氧化。

4. 生物流化床

生物流化床是化学工业领域流化床技术移植到水处理领域的科技成果，它诞生于 20 世纪 70 年代的美国。

生物流化床的工作原理是以活性炭、沙、无烟煤及其他颗粒作为好氧菌的载体，充填于反应器内，废水自下向上流过沙床使载体层呈流动状态，从而在单位时间内加大生物膜同废水的接触面积和充分供氧，并利用填料沸腾状态强化废水生物处理过程。

## 三、厌氧生物处理

好氧生物处理效率高，应用广泛，已经成为城市废水处理的主要方法。但好氧生物处理的能耗较高，剩余污泥量较多，特别不适宜处理高浓度有机废水和污泥。厌氧生物处理相对于好氧生物处理的显著优势在于：①无须供氧；②最终产物为热值很高的甲烷气体，可用作清洁能源；③特别适宜于处理城市废水处理厂的污泥和高浓度有机工业废水。

### （一）厌氧菌的生化过程机理

厌氧生物处理或称厌氧消化是指在无氧条件下，通过厌氧菌和兼性菌的代谢作用，对有机物进行生化降解的处理方法。厌氧生物处理是一个相当复杂的生物化学过程，对有机物的厌氧分解过程机理仍然存在一定的争议，但是目前较多人接受的是布莱恩特（M．P．Bryant）在研究中提出的三个阶段理论，即水解酸化阶段、产氢产乙酸阶段和产甲烷阶段（碱性发酵阶段）。

第一阶段是水解酸化阶段。在该阶段，复杂的大分子、不溶性有机物在微生物胞外酶作用下分解成简单的小分子溶解性有机物；随后，这些小分子有机物渗透到细胞内被进一步分解为挥发性的有机酸（如乙酸、丙酸）、醇类和醛类等。

第二阶段是产氢产乙酸阶段。在这一阶段，由水解酸化阶段产生的乙醇和各种有机酸等被产氢产乙酸细菌分解转化为乙酸、氢气和二氧化碳等。在水解酸化和产氢产乙酸阶段，因有机酸的形成与积累，pH 可下降到 6 以下。而随着有机酸和含氮化合物的分解，消化液的酸性逐渐减弱，pH 可回升至 6.5 ~ 6.8 左右。

第三阶段是产甲烷阶段。在该阶段，乙酸、乙酸盐、氢气和二氧化碳等被产甲烷细菌转化为甲烷。该过程分别由生理类型不同的两种产甲烷细菌共同完成，其中的一类把氢气和二氧化碳转化为甲烷，而另一类则通过乙酸或乙酸盐的脱羧途径来产生甲烷。

实际上在厌氧反应器的运行过程中，厌氧消化的三个阶段同时进行并保持一定程度的动态平衡。这一动态平衡一旦为外界因素（如温度、pH、有机负荷等）所破坏，则产甲烷阶段往往出现停滞，其结果将导致低级脂肪酸的积累和厌氧消化进程的异常。

### （二）厌氧生物处理过程中的影响因素

根据生理特性的不同，可粗略地将厌氧生物处理过程中发挥作用的微生物类群分为产乙酸细菌和产甲烷细菌。产乙酸细菌对环境因素的变化通常具有较强的适应性，而且增殖速度较快：产甲烷细菌不但对生长环境要求苛刻，而且其繁殖的世代周期也更长。厌氧过程的成败和消化效率的高低主要取决于产甲烷细菌。因此，在考察厌氧生物处理过程的影响因素时，大多以产甲烷细菌的生理、生态特征为着眼点。影响厌氧处理效率的基本因素有温度、酸碱度、氧化还原电位、有机负荷、厌氧活性污泥浓度及性状、营养物质及微量元素、有毒物质和泥水混合接触状况等。

### （三）厌氧法的工艺和反应器

厌氧法工艺按微生物生长状态可分为厌氧活性污泥法和厌氧生物膜法；按投料、出料及运行方式可分为分批式、连续式和半连续式。厌氧活性污泥法包括普通消化池、厌氧接触工艺、上流式厌氧污泥床反应器等；厌氧生物膜法包括厌氧滤池、厌氧流化床、厌氧生物转盘等。

1. 普通厌氧消化池

普通消化池（Conventional Digester）又称传统或常规消化池。消化池常用密闭的圆柱形池，废水定期或连续进入池中，经消化的污泥和废水分别由消化池底和上部排出，所产沼气从顶部排出。池径从几米至三四十米，柱体部分的高度约为直径的 1/2，池底呈圆锥形，以利排泥。为使进水与微生物尽快接触，需要一定的搅拌。常用的搅拌方式有三种：①池内机械搅拌；②沼气搅拌；③循环消化液搅拌。

普通消化池的特点：可以直接处理悬浮固体含量较高或颗粒较大的料液；厌氧消化反

应与固液分离在同一个池内实现，结构较简单。

2. 厌氧滤池

厌氧滤池又称厌氧固定膜反应器，是20世纪60年代末开发的新型高效厌氧处理装置。滤池呈圆柱形，池内装放填料，池底和池顶密封。厌氧微生物附着于填料的表面生长，当废水通过填料层时，在填料表面厌氧生物膜的作用下，废水中的有机物被降解，并产生沼气，沼气从池顶部排出。废水从池底进入，从池上部排出，称为升流式厌氧滤池；废水从池上部进入，以降流的形式流过填料层，从池底部排出，称为降流式厌氧滤池。

厌氧生物滤池的特点：①由于填料为微生物附着生长提供了较大的表面积，滤池中的微生物含量较高，又因生物膜停留时间长，停留时间长达100d左右，因而可承受的有机容积负荷高，COD容积负荷为2 ~ 16kg（COD）/（$m^3$ · d）；②废水与生物膜两相接触面大，强化了传质过程，因而有机物去除速度快；③微生物固着生长为主，不易流失，因此无须污泥回流和搅拌设备；④启动或停止运行后再启动比前述厌氧工艺法时间短；⑤处理含悬浮物浓度高的有机废水易发生堵塞，尤以进水部位更严重。因此，进水悬浮物质量浓度不应超过200mg/L。

3. 厌氧生物转盘和挡板反应器

厌氧生物转盘的构造与好氧生物转盘相似，不同之处在于盘片大部分（70%以上）或全部浸没在废水中，为保证厌氧条件和收集沼气，整个生物转盘设在一个密闭的容器内。

厌氧挡板反应器是从研究厌氧生物转盘发展而来的，生物转盘不转动即变成厌氧挡板反应器。挡板反应器与生物转盘相比，可减少盘的片数和省去转动装置。

厌氧生物转盘的特点：①厌氧生物转盘内微生物浓度高，因此有机物容积负荷高，水力停留时间短；②无堵塞问题，可处理较高浓度的有机废水；③无须回流，动力消耗低；④耐冲击能力强，运行稳定，运转管理方便。

4. 上流式厌氧污泥床反应器

上流式厌氧污泥床（UASB）反应器，是于20世纪70年代初研制开发的。UASB反应器以其独特的特点，成为世界上应用最为广泛的厌氧生物处理方法。从UASB反应器首次建立生产性装置以来，全世界已有超过600座UASB反应器投入使用，其处理的废水几乎囊括了所有有机废水。污泥床反应器内没有载体，是一种悬浮生长型的消化器。其主要的特点有：反应器负荷高，体积小，占地少；可以不添加或少添加营养物质；能耗低、产生的甲烷可以作为能源利用；不产生或产生很少的剩余污泥；规模可大可小，操作灵活方便。

UASB反应器的机构可以分为污泥床、污泥悬浮层、三相分离器和沉淀区四个部分。

废水由底部进入反应器，UASB 反应器能去除的有机物 70% 在污泥床中完成，剩下的 30% 在污泥悬浮层内去除，被气泡挟带的污泥在三相分离器内实现气固分离，一些沉降性能好、活性高的污泥由沉淀区返回反应器，而沉降性能差、活性低的污泥则被冲洗出反应器，保证了活性高的污泥的基质利用，从而实现淘劣存优的目的。

上流式厌氧污泥床的池形有圆形、方形和矩形。小型装置常为圆柱形，底部呈锥形或圆弧形。大型装置为便于设置气、液、固三相分离器，则一般为矩形，高度一般为 3 ~ 8m，其中污泥床为 1 ~ 2m，污泥悬浮层为 2 ~ 4m，多用钢结构或钢筋混凝土结构。

UASB 反应器良好的污染物去除效果（一般 80% 以上）是依靠反应器中形成的厌氧颗粒污泥实现的。厌氧颗粒污泥性状各异，大多具有相对规则的球形或椭球形，直径在 0.15 ~ 5mm 之间，颜色通常呈黑色或灰色，沉降性能良好，文献报道其沉降速度的典型范围是 18 ~ 100m/h。颗粒污泥本质上是多种微生物的聚集体，主要由厌氧微生物组成，是颗粒污泥中参与分解复杂有机物的主要微生物。

颗粒污泥的形成过程即颗粒化过程是单一分散厌氧微生物聚集生长成颗粒污泥的过程，是一个复杂而且持续时间较长的过程，可以看成是一个多阶段的过程。首先是细菌与基体（可以是细菌，也可以是有机或无机材料）相互吸引粘连，这是污泥形成的开始阶段，也是决定污泥结构的重要阶段。细菌与基体接近后，通过细菌的附属物如菌丝和菌毛等，或通过多聚物的粘连，将细菌黏结到基体上。随着黏接到基体上的细菌数目的增多，开始形成具有初步代谢作用的微生物聚集体。微生物聚集体在适宜的条件下，各种微生物大量繁殖，最后形成沉降性能良好、产甲烷活性高的颗粒污泥。

5. 厌氧污泥膨胀床反应器和内循环厌氧反应器

厌氧污泥膨胀床反应器和内循环厌氧反应器已成功应用于多项工程实践。

厌氧颗粒污泥膨胀床反应器虽然在结构形式、污泥形态等方面与 UASB 反应器非常相似，但其工作运行方式与 UASB 反应器显然不同，主要表现在上流式厌氧污泥床（UASB）反应器一般采用 2.5 ~ 6m/h 的液体表面上升流速（最高可达 10m/h），高 COD 负荷（8 ~ 15kg（CODcr）/（$m^3$·d））。高的液体表面上升流速使颗粒污泥床层处于膨胀状态，不仅使进水能与颗粒污泥充分接触，提高了传质效率，而且有利于基质和代谢产物在颗粒污泥内外的扩散和传送，保证了反应器在较高的容积负荷条件下正常运行。膨胀颗粒污泥床 EGSB 反应器实质上是固体流态化技术在有机废水生物处理领域的具体应用。EGSB 反应器的工作区为流态化的初期，即膨胀阶段（容积膨胀率为 10% ~ 30%）。在此条件下，进水流速较低，一方面可保证进水基质与污泥颗粒的充分接触和混合，加速生化反应进程；另一方面有利于减轻或消除静态床（如 UASB）中常见的底部负荷过重的状况，增加反应器对有机负荷特别是对毒性物质的承受能力。EGSB 反应器适用范围广，可用于悬浮固体（SS）含量高和对微生物有抑制性的废水处理，在低温和处理低浓度有机废水时有明显优势。

内循环厌氧反应器构造的特点是具有很大的高径比，一般可达 4 ~ 8，反应器的高度达到 20m 左右。整个反应器由第一厌氧反应室和第二厌氧反应室叠加而成。每个厌氧反应室的顶部各设一个气、固、液三相分离器。第一级三相分离器主要分离沼气和水，第二级三相分离器主要分离污泥和水，进水和回流污泥在第一厌氧反应室内进行混合。第一反应室有很大的去除有机物能力，进入第二厌氧反应室的废水可继续进行处理，去除废水中的剩余有机物，提高出水水质。内循环厌氧反应器具有极高 COD 负荷（15 ~ 25kg（CODcr）/（$m^3$·d）），结构紧凑，节省占地面积，借沼气内能提升实现内循环，不必外加动力，抗冲击负荷能力强，具有缓冲 pH 的能力，出水稳定性好，可靠性高，基建投资低。

# 第三节 城市污水处理系统

## 一、城市污水常规处理系统

城市污水是排入城市污水系统的污水总称，其中包括生活污水、工业污水和降雨等组成部分。城市污水处理目的是采用各种技术与手段（或称处理单元），将污水中所含的污染物质分离去除、回收利用，或将其转化为无害物质，使水得到净化，从而降低或消除对城市周边水环境的污染。

城市污水处理系统是一项涉及生物、化学、物理等多项学科的综合性技术，其工艺机理较为复杂，污水处理工艺包括一级处理、二级处理和污泥处理。

各级处理工艺及特点介绍如下：

### （一）一级处理（物理法）

利用物理作用处理、分离和回收污水中的悬浮固体（SS）和泥沙，主要设备有格栅、筛网、沉沙池、初次沉淀池、水泵、除渣机等。物理法工艺过程的变化较快，在此过程中能去除 20% ~ 30% 的有机物和 60% ~ 70% 的 SS 以及 90% 以上的病毒微生物。一级处理过程不仅能有效地处理污水中的有机污染物、SS、沉沙、病毒等，还能有效地保护后续工艺的正常运行。

### （二）二级处理（生化法）

生化法是利用微生物能够降解代谢有机物的作用，来处理污水中呈溶解或胶体状的有机污染物质，是城市污水处理厂进行污水处理的核心技术。目前城市污水处理厂仍以活性污泥法为主，也有较少的小型城市污水处理厂采用生物膜法。通过二级处理可去除污水中约 90% 的 SS 和约 95% 的生化需氧量（BOD）。其中主要构筑物包括曝气池、二次沉淀池、污泥回流系统和风机房等部分。

### （三）污泥的处理与处置

污泥的处理与处置是废水生物处理过程中带来的次生问题。一般情况下，城市污水处理厂产生的污泥约为处理水体积的 0.5% ~ 1.0%，污泥产生量较大。特别是这些大量污泥中往往含有相当多的有毒有害有机物、寄生虫卵、病原微生物、细菌以及重金属离子等，若不处理而随意堆放，将对周围环境造成二次污染。

城市污水处理厂所产生的污泥主要来自初次沉淀池和二次沉淀池。对污泥的处理与处置方法和工艺主要包括污泥调理、污泥浓缩、污泥脱水、污泥干燥、污泥焚烧或资源化利用等，在此过程中还会产生甲烷等气体。

## 二、城市污水深度及强化处理系统

### （一）三级处理（深度处理）

近年来，随着氮、磷等元素污染导致的水体富营养化问题和污水排放标准的不断严格，对污水进行深度处理已经成为发展趋势。利用各种技术对城市污水处理厂二级生物处理排出的污水进行深度处理，主要是为了去除二级生物处理厂出水中的氮、磷、悬浮物质、胶体和一些难降解有机污染物，以及对出水中的微生物进行消毒。对污水进行深度处理的技术主要包括过滤、膜过滤、活性炭吸附、离子交换和高级氧化技术等。城市污水深度处理对控制水体的富营养化具有非常重要的意义。

### （二）城市污水一级强化处理

强化城市污水处理厂一级处理效果是目前研究的热点，以往城市污水处理厂一级处理工艺主要用于去除漂浮物（如毛发、塑料等）、重力大的物质（如沙子、煤渣等）以及一些容易沉降的悬浮物等，如磷、氮、胶体、重金属等去除效果很有限，给城市污水处理厂的二级处理和三级处理工段带来了很大的压力。但是一级处理工段所占的面积也较大，所以城市污水厂通过强化一级处理，对提高城市污水处理厂的处理效果、处理水量以及降低城市污水处理厂的占地面积有积极意义。城市污水一级强化处理最普遍使用的方法是在沉淀池前投加药剂，通过投加药剂提高沉淀池的沉淀效果，进而提高污染物的处理效果。目前利用化学强化沉淀法提高城市污水厂一级处理效果，所投加的药剂主要包括铁系和铝系的混凝剂，有时也与高分子有机絮凝剂（如聚丙烯酰胺等）等配合使用，以获得更好的处理效果。

虽然我国环保投资呈逐年增加趋势，但水环境污染的日益加剧和经济发展水平的相对较低，决定了我国中小城市的污水处理在相当长一段时间内（污水排放量约占城市污水总量的 70%）不可能普遍采用二级生物处理，只有在一级处理基础上进行强化，削减总体污染负荷，探索出适合我国国情的“高效低耗”城市污水处理新技术和新工艺。化学强化一级处理、生物絮凝吸附强化一级处理和化学 – 生物联合絮凝强化一级处理正是在此背景下研究出来的，在近期亟待解决的城市污水污染问题上，具有十分重要的现实意义。

## 第四节 工业废水处理技术

工业废水是指在工业生产过程中所排放的废水。工业企业历来是排污大户，其各大生产工序均需要大量的水来进行生产。工业废水的来源一般按行业划分，如食品工业废水、化工行业废水、造纸工业废水、生物制药废水、石油工业废水、冶金工业废水等。根据工业废水中所含污染物质的不同，又可以分为有机废水、无机废水、混合废水、放射性废水等。

工业废水是最重要的污染源，废水中含有多种有害成分，主要包括耗氧性有机物、悬浮固体、微量有机物、重金属、氧化物及有毒有机物、氮、磷、油以及挥发性物质等。不同行业废水由于自身的生产工艺差别较大，废水中主要污染物也各不相同。

### 一、工业废水的特点

#### （一）排放量大、污染范围广、排放方式复杂

工业生产用水量大，相当一部分生产用水中都带有一定量的原料、中间产物、副产物及产物等。工业企业遍布全国各地，污染范围广，而且排放方式复杂，有间歇式排放的、连续式排放的和无规律排放的，给水污染控制带来了很大的不便。

### （二）污染物种类繁多、浓度波动幅度大

由于工业产品品种多，因此，工业生产过程中排放的污染物也很多，不同污染物的性质有很大差异，浓度也相差很远。

### （三）污染物质有毒性、刺激性和腐蚀性，pH变化幅度大，悬浮物和营养元素浓度大

被酸碱类污染的废水有刺激性和腐蚀性，而有机物能消耗水体中的溶解氧，使受纳水体缺氧而导致生态系统破坏；还有一些工业废水中含有大量的氮、磷等污染物，排入水体后会导致水体产生富营养化问题。

### （四）污染物排放后迁移变化规律差异大

工业废水中所含各种污染物物理性质和化学性质差别较大，有些还具有较强的毒性、较大的蓄积性和较高的稳定性。污染物一旦排放，其迁移变化规律很不相同，有的沉积于水底，有的挥发转入大气，有的富集于生物体内，有的则分解转化为其他物质，造成二次污染。如金属汞排入水体后会在某些微生物的作用下产生甲基化，形成甲基汞，其毒性比金属汞的毒性强得多。

## 二、工业废水的处理和控制

对于工业废水的处理与控制可根据工业废水的水质水量、排放特点、施工场地、废水出路及最终用途等来选择合适的水处理工艺和方法。一般在城市污水处理中使用的方法在工业废水的处理中均有使用，如活性污泥法、生物膜法等。但是由于工业废水的水质差异过大，所以根据水质水量的不同，可选择不同的工艺和运行方式。如排放浓度高的稳定有机废水则可以选择厌氧＋好氧联合处理的方法，并连续运行；如有机物浓度高，污水排放规律性较差，则可以选择好氧生物处理方法，以间歇运行方式运行；但是当某工业污水中具有较高浓度的金属离子，而有机物浓度较低时，则应采取电渗析的方法或离子交换法。总体来说，工业废水的处理要具体情况具体分析，择优选择适当的工艺和适当的运行方式。

# 第四章　物理性及土壤污染控制工程

## 第一节 噪声及放射性污染控制

### 一、噪声污染控制

#### （一）声音和噪声

随着人类科技水平的发展以及生活与生产活动的频繁和多样化，在建筑施工、工业生产、交通运输和社会生活中产生了许多影响人们生活环境的声音，这些不需要的声音称为环境噪声。从物理学的观点来看，噪声是振幅和频率杂乱断续或统计上无规则的声振动。从生理学观点来看，凡是妨碍和干扰人们正常工作学习、休息、睡眠、谈话和娱乐等的声音，即不需要的声音，统称为噪声（Noise）。

当噪声超过国家规定的环境噪声排放标准，对他人的正常生活、工作和学习产生干扰时就形成噪声污染；超过了国家规定的环境噪声排放标准，但尚未对他人正常生活、学习、工作等活动产生干扰的，则不构成环境噪声污染。环境噪声已成为污染人类社会环境的公害之一，是与水、空气污染并列的三大污染物质。

#### （二）环境噪声污染特征

噪声是一种感觉公害，是危害人类环境的一种特殊公害。它与大气污染、水污染和土壤污染存在很大差异，主要有以下四个特征：

1. 感觉性

噪声对人的危害与人的生理、心理因素有直接关系，某些人喜欢的声音对另外一些人也可能是噪声。

2. 局部性

噪声在传播过程中，随着传播距离的增加和物体的阻挡、吸收、反射而减弱，直到消失，因此，它的影响和危害局限在噪声源附近。如汽车噪声污染，以城市街道和公路干线两侧最为严重。噪声严重的工厂可对数百米内的居民区造成较大影响，尤其是夏季及晚上。

3. 暂时性

噪声污染是一种物理性污染，没有后效作用，在环境中不积累、不持久，也不残留，声源停止发声，噪声也随之消失。

4. 分散性

环境噪声源往往不是单一的，且分布分散，有些噪声是固定的，有些是流动的，因此，这种特性使噪声无法像其他污染物一样进行集中治理。

## （三）噪声污染的危害

1. 噪声的生理效应

噪声对人体直接的生理效应是可引起听觉疲劳甚至造成耳聋。因噪声的过度刺激，听觉敏感性显著降低而使听力暂时下降的现象称为听觉疲劳，经过休息后可以恢复。如果长期、持续不断地受到强噪声的刺激，这种听觉疲劳就不能恢复，内耳感觉器官会发生器质性病变，引起耳聋或职业性听力损失。

噪声对人体间接的生理效应是诱发多种疾病。噪声作用于中枢神经系统会使大脑皮层的兴奋和抑制失调，造成失眠、疲劳、头痛和记忆力衰退等神经衰弱症。噪声可引起肠胃机能紊乱，消化液分泌异常和胃酸度降低等，导致胃病及胃溃疡。噪声还会对心血管系统造成损害，引起心跳加快、心律不齐、血管痉挛和血压升高，严重的可能导致冠心病和动脉硬化。

接触强烈噪声的妇女，其妊娠呕吐的发生率和妊娠高血压综合征的发生率都比较高，而且噪声使母体产生紧张反应，引起子宫血管收缩，影响供给胎儿发育所必需的养料和氧气。噪声还可导致女性性机能紊乱、月经失调、流产及早产等。

2. 噪声的心理效应

噪声的心理效应是噪声对人们行为的影响。吵闹的噪声使人厌烦、精神不易集中，影响工作效率，妨碍休息和睡眠等，尤其对那些要求注意力高度集中的复杂作业和从事脑力劳动的人影响更大。强噪声还易分散人们的注意力，掩蔽交谈和危险信号，发生工伤事故。

3. 噪声对动物的影响

噪声可引起动物的听觉器官、内脏器官和中枢神经系统的病理性改变和损伤。研究噪声对动物的影响具有实践意义。由于强噪声对人的影响无法直接进行实验观察，因此，常用动物进行实验获取资料以判断噪声对人体的影响。喷气式飞机的噪声可使鸡群发生大量死亡；强噪声会使鸟类羽毛脱落，不生蛋，甚至发生内脏出血；工业噪声环境下饲养的兔子，其胆固醇比正常情况下要高得多；强烈的噪声使奶牛不再产奶，而给奶牛播放轻音乐后，牛奶的产量可大大增加。

4. 强噪声对建筑物和仪器设备的影响

一般噪声对建筑物的影响比较小，但火箭导弹声、低飞的飞机声等特强噪声对建筑物可造成一定的损害。

强噪声可使电子元器件和仪器设备受到干扰、失效甚至损坏。干扰是指仪器在噪声场中使内部电噪声增大，严重影响仪器的正常工作。声失效是指电子器件或设备在高强度噪声场作用下特性变坏，以致不能工作，但当高声强条件消失后，其性能仍能恢复。声损坏则大多是声场激发的振动传递到仪表而引起的破坏。

### （四）噪声控制措施

1. 噪声控制的基本方法

噪声控制措施必须从环境要求、技术政策、经济条件等多方面进行综合考虑，即噪声控制设计要遵循科学性、先进性和经济性的基本原则。噪声污染控制的基本方法有管理和技术两个方面。管理控制是指用行政管理和技术管理控制噪声，而工程控制是指用技术手段治理噪声。

噪声源、噪声传播途径、接收者是噪声污染发生的三个要素。只有这三个要素同时存在时，噪声才能造成对环境的污染及对人的危害。因此，控制噪声必须从这三个环节研究解决，同时将这三部分作为一个系统来综合考虑。

（1）噪声源控制

声源是噪声能量的来源，是噪声系统中最关键的组成部分，因此从设计、技术、行政管理等方面对声源进行控制是减弱或消除噪声的最根本的方法和最有效的手段。通过研制和选用低噪声设备，改进生产工艺，提高设备的加工精度和装配技术，合理规划声源布局等，使噪声源数量减少或降低噪声源的辐射声功率，从根本上解决或降低噪声污染，使传播途径及接收者保护上的控制措施得到简化。

（2）传播途径控制

由于条件限制，从声源上难以实现噪声控制时，就要从噪声传播途径上考虑降噪措施。具体方法有以下几种：

①利用声源指向性特点

声源在自由场中向外辐射声波时，声压级随方向的不同呈现不均匀的属性，称为声源的指向性。高频噪声的指向性较强，因此可改变机器设备安装方位，将噪声源指向无人空旷区或对安静要求不高的地区，从而降低噪声对周围环境的污染。如高压锅炉、高压容器的排气口朝向天空或野外，与指向生活区相比，可降低噪声约 10dB。

②利用隔声屏障

可利用山岗、土坡等天然屏障或通过植树、造林、设置围墙等建立隔声屏障减少噪声污染。如城市中绿篱、乔灌木和草坪的混合绿化结构宽度为 5m 时，其平均降噪效果可达 5dB；40m 宽的林带可降噪 10 ~ 15dB；街道绿化后可使噪声降低 8 ~ 10dB。

③采用声学控制技术

当上述方法仍达不到降噪要求时，需要在工程技术上采用声学措施，包括吸声、消声、隔声、隔振、阻尼等常用噪声控制技术。

（3）接收者的防护

噪声控制中，应优先考虑从声源或噪声的传播途径方面降低噪声。但如存在技术或经济上的困难时，可采取个人防护措施。主要有两种方法：一是应用防护用具，如耳塞、耳罩、防声头盔、防声帽、防护衣等对听觉、头部及胸腹部进行防护。一般的护耳器可使耳内噪声降低 10 ~ 40dB，防声帽隔声量一般为 30 ~ 50dB。当噪声量超过 140dB 时，不但对听觉和头部有严重的危害，而且还会对胸部、腹部各器官造成极严重的危害，尤其对心脏，因此，在极强噪声的环境下，要考虑应用防护衣，以防噪、防冲击声波，实现对胸腹部的保护。二是采取轮班作业，缩短在强噪声环境中暴露的时间。实际上，在许多场所采取个人防护是一种经济而有效的方法。

2. 噪声控制技术

（1）吸声

在未做任何声学处理的车间或房间内，壁面和地面多是一些硬而密实的材料，如混凝土天花板、抹光的墙面及水泥地面等，这些材料很容易发生声波的反射。当室内声源向空间辐射声波时，声波遇到墙面或其他物体表面，会发生多次反射形成叠加声波，称为混响声。由于混响声的叠加作用，可使噪声强度提高 10 多分贝。如果在房间内壁或空间里安装吸声材料或吸声结构，当声波入射到这些材料或结构表面时，部分声能被吸收，使反射声减弱，这时接收者听到的只是直达声和已减弱的混响声，总噪声级得到降低。利用吸声材料和吸声结构来降低室内噪声的降噪技术称为吸声。

①吸声材料

吸声材料大多是松软多孔、透气的材料，如玻璃棉、矿渣棉、泡沫塑料、毛毡、吸声砖、木丝板、甘蔗板等。当声波遇到吸声材料时，一部分声能被反射，一部分声能向材料内部传播并被吸收，少部分声能透过材料继续传播。

多孔吸声材料具有大量的微孔和间隙，孔隙率高，且孔隙细小，内部筋络总表面积大，有利于声能吸收。同时材料内部的微孔互相贯通，向外敞开，使声波易于进入微孔内。当声波进入吸声材料孔隙后，激发孔隙中的空气与筋络发生振动，并与固体筋络发生摩擦，由于黏滞性和热传导效应，使相当一部分声能转化为热能而消耗掉，结果使反射出去的声能大大减少。即使有一部分声能透过材料达到壁面，也会在反射时经过吸声材料被再次吸收。

吸声材料对于不同的频率具有不同的吸声系数。入射声波的频率越高，空气振动速度越快，消耗的声能越多，因此，多孔吸声材料对中高频声波吸声系数大，对低频声波吸声系数小。多孔材料在使用时，要加护面板或织物封套，并要有一定厚度，如 3 ~ 5cm，增加材料厚度，吸声最佳频率向低频方向移动，用于低频吸声时最好为 5 ~ 10cm。护面板可使用穿孔钢板、穿孔塑料板、金属丝网等，为了不影响吸声效果，护面板的穿孔率应不低于 20%。实际应用时，若将多孔材料置于刚性墙面前一定距离，即材料后具有一定深度的空气层或空腔，相当于增加了材料的厚度，可改善低频的吸收效果。

②吸声结构

在工程上，常采用空间吸声体、共振结构、吸声尖劈等技术方法来实现降噪目的。这些技术可在不同程度上达到减噪效果，且各具特色，吸声原理也不同。

a. 空间吸声体

空间吸声体是由框架、吸声材料和护面结构组成的具有各种形状的吸声结构。它自成体系，可悬挂在有声场的空间，其各个侧面都能接触声波并吸收声能，有效吸声面积比投影面积大得多，具有吸声系数高、节省材料、装卸灵活等特点。常见的空间吸声体有板状、圆柱状、球形和锥形等。

b. 共振吸声结构

利用共振原理做成的吸声结构称为共振吸声结构。基本可分为三种类型：薄板共振吸声结构、穿孔板共振吸声结构与微穿孔板吸声结构，主要适用于对中、低频噪声的吸收。

（2）消声

消声器是控制空气动力性噪声的有效装置，如各种风机、空气压缩机、内燃机以及其他机械设备的输气管道等的噪声。它既能允许气流通过，又能有效地阻止或减弱声能向外传播，一般安装在空气动力设备的气流进出口或通道上。一个性能好的消声器，可使气流噪声降低 20 ~ 40dB。消声器的种类很多，根据其原理主要分为阻性消声器和抗性消声器。

①阻性消声器

阻性消声器是一种吸收型消声器，主要利用多孔吸声材料吸收声能。将吸声材料固定在气流通道上，或将其按一定方式排列于通道中，就构成了阻性消声器。当声波进入时，部分声能因克服摩擦阻力和黏滞阻力转变为热能而消耗掉，达到消声目的。这种消声器对中、高频消声性能良好，而对低频性能较差。在高温、高速的水蒸气，含尘、油雾以及对吸声材料有腐蚀性的气体中使用寿命短，消声效果较差。

阻性消声器的种类繁多，按照气流通道的几何形状可分为直管式消声器、片式消声器、折板式消声器、蜂窝式消声器和迷宫式消声器等。

②抗性消声器

抗性消声器不直接吸收声能，不使用吸声材料，而是在管道上接截面突变的管道或旁接共振腔，使某些频率的声波在声阻抗突变的界面处发生反射、干涉等现象，从而达到消声的目的。抗性消声器具有中、低频消声性能，可在高温、高速、脉动气流下工作，适用于消除空压机、内燃机和汽车的排气噪声。常用的抗性消声器有扩张室式和共振腔式两大类。

扩张室式消声器又称膨胀式消声器，它利用管道横截面的扩张和收缩引起的反射和干涉来进行消声。主要用于消除低频噪声，若气流通道较小也可用于消除中低频噪声。

共振腔式消声器又称共鸣式消声器，在一段气流通道的管壁上开若干个小孔，并与外面密闭的空腔相通，小孔和密闭的空腔就组成一个共振式消声器。其消声原理与共振吸声结构相同，当声波频率与消声器共振腔的固有频率一致时产生共振，小孔孔径的空气柱振动速度达到最大，消耗的声能也最大，达到消声目的。

一般情况下，阻性消声器对中、高频噪声吸声效果好，抗性消声器则适于消除中、低噪声。若将二者结合起来，组成阻抗复合消声器，可使消声器在宽频带范围内获得良好的消声效果。

（3）隔声

声波在传播过程中遇到障碍物后，一部分被反射回去，一部分被障碍物吸收，其余则透过屏障继续传播。在噪声传播途径中，利用墙体、各种板材及构件作为屏蔽物，或利用围护结构把噪声控制在一定范围之内，使噪声在传播过程中受阻不能顺利通过，从而将噪声源和接收者分隔开来以达到降噪的目的，这种方法被称为隔声。

吸声和隔声概念有本质的不同。吸声注重入射声能一侧反射声能的大小，反射声越小，吸声效果越好；隔声则侧重于入射声另一侧的透射声能的大小，透射声能越小，隔声效果越好。良好的隔声材料一般厚重而密实，而这些材料往往反射性很强，其吸声性能很差。吸声材料一般要求质轻柔软、多孔、透气性好，因此，声能很容易透过材料，所以隔声性能很差。在实际应用中，吸声处理是通过吸收同一空间内的声能，达到降低室内噪声的目的。而隔声处理则用于防止相邻两个空间之间的噪声干扰。隔声量的大小与隔声构件结构、性质及入射声波的频率有关，同一构件对不同频率声波的隔声性能可能有很大差异。常用的隔声结构有隔声罩、隔声间、隔声屏等。

①隔声罩

将噪声源封闭在一个相对小的空间内，以降低向周围辐射噪声的罩状结构，称为隔声罩。隔声罩是降低机器噪声较好的装置，常用于车间内风机、空气压缩机、柴油机、鼓风机、球磨机等强噪声机械设备的降噪，其降噪量一般在 10 ~ 40dB。

②隔声间

在吵闹的环境中建造一个具有良好的隔声性能的小房间，使工作人员有一个安静的环境或者将多个强声源置于上述房间，以保护周围环境的安静，这种具有良好隔声性能的房间称为隔声间。通常用于对声源难做处理的情况，如强噪声车间的控制室、观察室，声源集中的风机房、高压水泵房等。隔声间一般采用封闭式，除需要有足够隔声量的墙体外，还须设置具有一定隔声性能的门、窗或观察孔等。门、窗为了开启方便，一般采用轻质双层或多层复合隔声板制成。隔声门隔声量为 30 ~ 40dB。

③隔声屏

在声源与接收者之间设置不透声的屏障，阻挡声波的传播，以降低噪声，这样的屏障称为隔声屏。一般采用钢板、胶合板等材料，并在一面或两面衬有吸声材料。隔声屏目前已广泛应用于降低交通干线噪声、工业生产噪声和社会环境噪声，如在居民稠密的公路、铁路两侧设置隔声堤、隔声墙等。合理设置隔声屏的位置、高度和长度，可使接收点噪声降低 7 ~ 24dB。一般认为隔声屏可阻止直达声，并使绕射有足够衰减，而透射声可忽略不计，并在屏后形成具有较低噪声强度的声影区。隔声屏对于 2000Hz 以上的高频声比中频声的隔声效果好，而对于频率低于 250Hz 的声音，由于其波长较长，容易绕过屏障，所以隔声效果较差。

（4）隔振

振动源也是噪声源，隔振是通过弹性连接减少机器与其他结构的刚性连接，从而防止或减弱振动能量的传播，以达到降低噪声的目的。根据隔振目的的不同，通常将隔振分为主动隔振和被动隔振。主动隔振也称积极隔振，其目的是减少振动的输出，降低设备的扰动对周围环境的影响，是对动力设备采取的措施；被动隔振也称消极隔振，其目的是减少振动的输入，减小外来振动对设备的影响，是对设备采取的保护措施。

常用的隔振材料或弹性元件主要有弹簧类和弹性垫类隔振器，如钢弹簧、橡胶隔振垫、软木、毛毡、泡沫塑料、气垫和玻璃纤维板等。隔振器和隔振材料的选择应首先考虑其静载荷和动态特性。隔振器一般具有低于 5 ~ 7Hz 的共振频率。低频振动一般采用钢弹簧隔振器；高频振动一般选用橡胶、软木、毛毡、酚醛树脂玻璃纤维较好。为了在较宽的频率范围内减弱振动，可采用钢弹簧减振器与弹性垫组合减振器。隔振材料的使用寿命差别很大，钢弹簧寿命最长，橡胶一般为 4 ~ 6 年，软木为 10 ~ 30 年。

## 二、放射性污染及防治

### （一）放射性污染源

1. 天然辐射源

天然辐射源是自然界中天然存在的，天然辐射源所产生的总辐射水平称为天然放射性本底，它是判断环境是否受到放射性污染的基准。人和生物体在进化过程中，经受并适应了来自天然的各种辐射，只要其剂量不超过本底，就不会对人类和生物体造成伤害。环境中天然辐射本底主要由以下两部分组成：

（1）宇宙射线

宇宙射线主要来源于地球的外层空间。初级宇宙射线是由外层空间射到地球大气层的高能粒子，这些粒子与大气中的氧、氮原子核碰撞产生次级宇宙射线粒子和宇宙放射性核素。宇宙放射性核素虽然种类不少，但在空气中含量很低，对环境辐射的实际贡献不大。

（2）原生放射性核素

原生放射性核素是自地球形成开始，迄今为止仍存在于地壳中的放射性核素，主要有 238U、232Th、235U、40K、14C 和 3H 等，其中 238U 和 232Th 放射系中核素对人产生的剂量约占原生放射性核素产生的总剂量的 80%。

2. 人工辐射源

人工辐射源是造成环境放射性污染的主要来源。

（1）核工业产生的废物

核燃料生产和核能技术的开发利用中各环节都会产生和向环境排放含放射性物质的液体、固体和气体废物，它们是造成放射性污染的主要原因之一。难以预测的意外事故可能会泄漏大量的放射性物质，造成环境污染。

（2）核武器试验

核爆炸后，排入大气中的放射性污染物与大气中的飘尘相结合，可到达平流层并随大气环流飘逸到全球表面，最终绝大部分降落到地面并形成污染。核试验造成的全球性污染比核工业造成的污染严重得多。

（3）放射性同位素的应用

核研究单位、科研中心、分析测试、医疗机构等使用放射性同位素进行探测、治疗、诊断和消毒，如果使用不当或保管不善，也会造成放射性环境污染。由于辐射在医学领域的广泛应用，医用射线已成为主要的人工放射源，约占全部污染源的90%。

（4）其他污染源

某些日常生活用品使用了放射性物质，如夜光表、彩色电视机等，某些含铀、镭量高的花岗岩、钢渣砖、瓷砖、装饰材料及固体废弃物再利用制造的建筑材料等，它们的使用也会增加室内环境污染。

## （二）放射性污染的特点及危害

1. 放射性污染的特点

放射性污染是指由于人类活动造成物料、人体、场所、环境介质表面或者内部出现超过国家标准的放射性物质或者射线。由于放射性物质具有独特的性质，且排放到环境中的放射性污染物日益增多，其对环境的影响也越来越受到关注。放射性污染主要特征如下：

（1）毒性高，危害时间长。按致毒物本身质量计算，绝大多数放射性物质的毒性远远高于一般化学毒物；每种放射性物质都有一定的半衰期，从几分钟到几千年不等，在自然衰变过程中会不断发射出具有一定能量的射线，产生持续性危害。按辐射损伤产生的效应，还可能影响遗传，给后代带来隐患。

（2）放射性物质只能通过自然衰变减弱其活性，其他人为手段无法改变它的放射性活度。

（3）放射性剂量的大小，只有通过仪器检测才能知晓，而人类的感觉器官无法直接感受。

（4）射线的辐照具有穿透性，特别是 γ 射线可穿过一定厚度的屏障层。

（5）放射性物质具有蜕变能力，形态发生变化时可扩大污染范围。

2. 放射性污染的危害

（1）放射性物质进入人体的途径

放射性物质的照射途径有外照射和内照射两种。环境中的放射性物质和宇宙射线的照射，称为外照射；这些物质也可通过呼吸、食物或皮肤接触等途径进入人体，产生内照射。

经呼吸道进入人体的放射性物质，其吸收程度与气态物质的性质和状态有关。可溶性物质吸收快，经血液可流向全身；气溶胶粒径越大，肺部沉积越少。食入的放射性物质经肠胃吸收后，也可经肝脏进入血液分布到全身。伤口对可溶性的放射性物质吸收率极高。

（2）放射性的危害机理

放射性物质在衰变过程中放出的 α、β、γ 及中子等射线，具有较强的电离或穿透能力。这些射线或粒子被人体组织吸收后，会造成以下两类损伤作用：

直接损伤：机体受到射线照射，吸收了射线的能量，其分子或原子发生电离，使机体内某些大分子结构，如蛋白质分子、脱氧核糖核酸（DNA）、核糖核酸（RNA）分子等受到破坏。若受损细胞是体细胞会产生躯体效应，若受损细胞是生殖细胞则引起遗传效应。

间接损伤：射线先将体内的水分电离，生成活性很强的自由基和活化分子产物，这些自由基和活化分子再与大分子作用，破坏机体细胞及组织的结构。

（3）放射性对人体的危害

放射性对人体的危害程度主要取决于所受辐照剂量的大小。短时间内受到大剂量照射时，会产生近期效应，使人出现恶心、呕吐、食欲减退、睡眠障碍等神经系统和消化系统的症状，还会引起血小板和白细胞降低、淋巴结上升、甲状腺肿大、生殖系统损伤，严重时会导致死亡。

### （三）放射性污染的防治

放射性废物只能通过自身衰变才能使其放射性衰减到一定水平，采用一般的物理、化学或生物方法无法改变放射性物质的放射属性。因此，放射性污染的防治要遵循防护与处理处置相结合的原则，一方面采取适当的措施加以防护，另一方面必须严格处理与处置核工业生产过程中排出的放射性废物。

1. 放射性辐射的防护

辐射防护的目的是要把受照剂量限制在安全剂量的范围之内。辐射防护的基本措施包括时间防护、距离防护、屏蔽防护、源头控制防护四个方面。为了尽量减少不必要的照射，上述四种防护通常相互配合使用。具体内容介绍如下：

（1）时间防护

人体受到的辐射总剂量与受照时间成正比，因此，可根据照射率的大小确定容许的受照时间，通过提高操作技术熟练程度，采取机械化、自动化操作，严格遵守规章制度，或采用轮流替换等方法减少人员在辐射场所的停留时间，即缩短受照时间，从而减少所接受的辐射剂量。

（2）距离防护

点状放射性污染源的辐射剂量与污染源到受照者之间的距离的平方成反比，距离辐射源越远，接受的辐射剂量越小。因此，工作人员应尽可能远离辐射源进行操作。

（3）屏蔽防护

根据放射性射线在穿透物体时被吸收和减弱的原理，可在辐射源与受照者之间放置能有效吸收射线的屏蔽材料来降低辐射强度。各种射线穿透能力不同，因此，应根据实际情况选择不同的屏蔽材料。

（4）源头控制防护

放射性污染的防治最重要的就是要控制污染源，并加强对污染源的管理。作为放射性污染的主要来源，核工业厂址应选在人口密度低、抗震强度高、水文和气象条件有利于废水废气扩散或稀释的地区，同时应加强对周围环境介质中放射性水平的监测。在有开放性放射源的工作场所，如铀矿的水冶厂、伴有天然放射性物质的生产车间和放射性“三废”物质处理处置场所等，要设置明显的危险警示标识，避免闲人进入发生意外事故。

## 第二节 电磁辐射污染及防治

### 一、电磁辐射污染源

电磁辐射的来源广泛，包括天然污染源和人为污染源两类。

#### （一）天然污染源

天然电磁辐射是由某些自然现象引起的，最常见的是雷电。另外，火山喷发、地震、太阳黑子活动引起的磁暴、太阳辐射、电离层的变动、新星大爆发和宇宙射线等都会产生电磁波，可对广大地区产生从几千赫到几百兆赫以上频率范围的严重电磁干扰。

#### （二）人为污染源

环境中的电磁辐射主要来自人为电磁辐射源，主要产生于人工制造的电子设备和电气装置。按频率不同划分如下：

1. 以脉冲放电为主的放电型场源

如切断大电流电路时产生火花放电，其瞬时电流变化率很大，会产生很强的电磁干扰。

2. 以大功率输电线路为主的工频、交变电磁场

如大功率电机、变压器以及输电线等会在近场区产生严重的电磁干扰。

3. 无线电等射频设备工作时产生的射频场源

如无线电广播与通信等射频设备的辐射，频率范围宽，影响区域较大，对近场区的工作人员可造成较大危害。射频电磁辐射已经成为电磁污染环境的主要因素。

## 二、电磁辐射污染的危害

### （一）危害人体健康

规定范围内的电磁辐射对人体的作用是积极和有益的，如市场出售的理疗机就是利用电磁辐射的温热作用达到消除炎症和治疗的目的。然而，当人体受到高强度的电磁辐射后，就可能引起某些疾病。当生物体暴露在电磁场中时，大部分电磁能量可穿透机体，少部分能量被吸收。由于生物体内有导电体液，能与电磁场相互作用，产生电磁场生物效应，可分为热效应和非热效应。

热效应是指电磁波照射生物体时引起器官加热导致生理障碍或伤害的作用。这是因为生物体内的极性分子，在电磁场的作用下快速重新排列方向与极化，变化方向的分子与周围分子发生剧烈的碰撞而产生大量的热能。热效应引起体内温度升高，如果过热会引起损伤，一般以微波辐射最为显著。另外，不同的人或不同器官对热效应的承受能力有很大差别。老人、儿童、孕妇属于敏感人群，心脏、眼睛和生殖系统属于敏感器官。如男性照射微波过久会引起暂时性不育，甚至永久性不育，对女性则会造成多次流产、死胎或畸胎；微波还可使眼睛疲劳、干涩，严重的还可引起眼睛晶状体混浊、视力下降、出现白内障，甚至完全丧失视力。

非热效应是指电磁波对生物体组织加热之外的其他特殊生理影响。如导致白细胞、血小板减少，出现心血管系统和中枢神经系统机能障碍，记忆力衰退等；还可能会影响人体的循环系统、免疫功能、生殖和代谢功能，严重的甚至会诱发癌症。

电磁波辐射对人体危害程度由大到小依次为：微波、超短波、短波、中波、长波。波长越短，危害越大。微波对人体危害的一个显著特点是累积效应，即在伤害恢复前如再次接受电磁波照射，其伤害会发生累积。久而久之会造成永久性病变。

电磁辐射污染广泛存在于人们的日常生活中。如微波炉是目前所有家电中电磁场最强的，手机的工作频率为微波波段，可产生较强的电磁辐射。家用电器有的虽然电磁辐射强度比较弱，但其对人体作用时间较长，因此对人体产生的危害也不容忽视。

### （二）通信系统干扰及其他影响

大功率的电磁设备会严重干扰其辐射范围内的各种电子仪器设备的正常工作，使其发生故障，甚至造成事故。如移动电话的工作频率会干扰飞机与地面的通信信号和飞机仪器的正常工作，引起导航系统偏向，对飞行安全造成严重威胁；电磁辐射能干扰人们收看电视机以及对广播、电话等的收听；干扰计算机的正常使用，使显示器屏幕发生抖动，还可能造成死机；使无线电通信、雷达及电气医疗设备等失去信号、图像失真、控制失灵及发生故障。

高频辐射可使金属器件互相碰撞时打火而引起易燃易爆物品的燃烧或爆炸等严重事故，危及人身及财产安全。

## 三、电磁辐射污染的防治

电磁辐射污染必须采取综合防治的方法，才能取得更好的效果。防治原则为：首先控制电磁辐射污染源，对产生电磁波的各种电气设备和产品，提出严格的设计指标，减少电磁泄漏；通过合理的工业布局，使电磁污染源远离居民稠密区；对已经进入环境中的电磁辐射，采取一定的技术防护措施，以减少对人及环境的危害。

### （一）电磁辐射源控制

主要是通过产品设计，合理降低辐射强度。包括合理设计发射单元，工作参数与输出回路的匹配，线路滤波、线路吸收和结构布局等，以保证元件、部件等级上的电磁兼容性，减少电子设备在运行中的电磁漏场、电磁漏能，使辐射降低到最低限度。从源头控制电磁辐射污染属于主动防护，是最有效、最合理、最经济的防护措施。

### （二）合理规划布局

加大对电磁辐射建设项目的管理力度，合理规划城市及工业布局。可能产生严重电磁辐射污染的新建、改建和扩建项目，以及电台、电视台、雷达站等有大功率发射设备的项目，必须严格按照有关规定执行；根据电磁辐射能量随距离的增加迅速衰减的原理，将电子设备密集使用的部门和企业集中到某一区域，划定有效安全防护距离，并设置安全隔离带，如建立绿化隔离带，利用植物吸收作用防止电磁辐射污染等。加强管理，对已建辐射污染源，根据实际情况要求其搬迁或整改。通过以上措施使电磁辐射污染远离人口稠密的居民区和一般工业区，将城市居民区电磁辐射控制在安全范围内。

### （三）屏蔽防护

1. 屏蔽防护原理

利用某种能一直屏蔽电磁辐射能扩散的材料，将电磁场源与环境隔离开，使辐射能限定在某一范围内，达到防止电磁辐射污染的目的，这种技术被称为屏蔽防护，所采用的材料为屏蔽材料。这是目前应用最多的一种防护手段。

当电磁辐射作用于屏蔽体时，因电磁感应，屏蔽体产生与场源电流方向相反的感应电流而生成反向磁力线，可以抵消场源磁力线，达到屏蔽效果。

屏蔽材料应具有较高的导电率、磁导率或吸收作用。铜、铝、铁和铁氧体对各种频段的电磁辐射都有较好的屏蔽效果。另外，也可选用涂有导电涂料或金属镀层的绝缘材料。一般电场屏蔽多选用铜材，而磁场屏蔽选用铁材。屏蔽体的结构形式有板结构和网结构两种，网结构的屏蔽效率一般高于板结构。为避免产生尖端效应，屏蔽体的几何形状一般设计为圆柱形。

2. 屏蔽方式

根据场源与屏蔽体的相对位置，屏蔽方式可分为主动场屏蔽和被动场屏蔽。

（1）主动场屏蔽

将场源置于屏蔽体内部，即用屏蔽壳体将电磁辐射污染场源包围起来，使其不对此范围以外的生物机体或仪器设备产生影响。屏蔽体结构严密，与场源间距小，可屏蔽强度很大的辐射源。屏蔽壳必须有良好接地，防止屏蔽体成为二次辐射源。

（2）被动场屏蔽

将场源放置于屏蔽体外，即用屏蔽壳体将须保护的区域包围起来，使场源对限定范围内的生物体及仪器设备不产生影响。屏蔽体与场源间距大，屏蔽体可以不接地。

### （四）吸收防护

采用对某种辐射能量具有强烈吸收作用的材料，敷设于场源外围，以防止大范围污染。吸收防护是利用吸收材料在电磁波的作用下达到匹配或发生谐振的原理，是减少微波辐射的一项有效措施。吸收防护可在场源附近大幅衰减辐射强度，多用于近场区的防护。目前常用的电磁辐射吸收材料可分为以下两类。

1. 谐振型吸收材料

是利用材料谐振特性制成的，特点是厚度小，对频率范围较窄的微波辐射具有较好的吸收效率。

2. 匹配型吸收材料

是利用吸收材料和自由空间的阻抗匹配，达到吸收微波辐射的目的。特点是适用于吸收频率范围很宽的微波辐射。实际应用的材料很多，一般在塑料、胶木、橡胶、陶瓷等材料中加入铁粉、石墨、木料和水制成，如泡沫吸收材料、涂层吸收材料和塑料板吸收材料等。

### （五）个人防护

因工作需要从事专业技术操作的技术人员，必须进入辐射污染区时，或因某些原因不能对辐射源采取有效的屏蔽、吸收等措施时，必须采取个人防护措施，以保护作业人员的安全。个人防护措施主要有穿防护服、戴防护头盔和防护眼镜等。

许多家用电器虽然辐射能不大，但集中摆放，长时间、近距离地接触都会对人的健康造成很大威胁，因此，科学使用家用电器非常必要。如避免家用电器摆放过于集中或经常一起使用；保持与电磁辐射源 1.5m 以上的安全距离；不使用的电器关闭电源；手机响过一两秒后再接听电话，避免充电时通话；保持良好的工作环境，经常通风换气等。

# 第三节 土壤重金属及有机物污染

## 一、土壤环境污染概述

土壤污染是指进入土壤中的有害、有毒物质超出土壤的自净能力，导致土壤的物理、化学和生物学性质发生改变，降低农作物的产量和质量，并危害人体健康的现象。污染使土壤生物种群发生变化，直接影响土壤生态系统的结构与功能，导致生产能力退化，并最终对生态安全和人类生命健康构成威胁，被称为“看不见的污染”。因此，认识并了解土壤污染这一现象，提高公众的土壤保护意识，对预防和治理土壤污染至关重要。

### （一）土壤污染现状

随着工业化、城市化、农业集约化的快速发展，大量未经处理的废弃物向土壤系统转移，并在自然因素的作用下汇集、残留于土壤环境中。污染物质的种类主要有重金属、农药、有机污染物、放射性核素、病原菌 / 病毒及异型生物质等。土壤中的重金属、农药和有机污染物（特别是持久性有机污染物）是目前土壤污染治理的重点。

### （二）土壤污染特点

我国土壤污染退化已表现出多源、复合、量大、面广、持久、毒害的现代环境污染特征，正从常量污染物转向微量持久性毒害污染物，尤其是经济快速发展地区。我国土壤污染退化的总体现状已从局部蔓延到区域，从城市、城郊延伸到乡村，从单一污染扩展到复合污染，从有毒有害污染发展至有毒有害污染与氮磷污染的交叉，形成点源与面源污染共存，生活污染、农业污染和工业污染叠加，各种新旧污染与二次污染相互复合的态势。

## 二、土壤重金属污染

### （一）土壤重金属的来源及污染危害

土壤是环境要素的重要组成部分，承担着环境中大约90%的来自各方面的污染物。土壤中重金属元素来源途径有自然来源和人为干扰输入。自然因素中，重金属是地壳构成的部分元素，成土母质和成土过程对土壤重金属含量的影响很大，使得重金属在土壤环境中分布广泛；人为因素中，主要来自工业、交通和农业生产等引起的土壤重金属污染。对于污染物来源的鉴别，微观上使人们认识污染元素在土壤中的化学行为及其与植物和环境的关系等方面的机理提供重要的证据；宏观上是对环境质量现状、污染程度进行正确评价和对污染源进行准确、有效治理的前提。

1. 土壤重金属的来源

（1）大气干湿沉降

由于次煤、石油的燃烧和交通工具使用含铅汽油使空气含有大量的重金属，国外在20世纪70年代就已对大气重金属干湿沉降有了一定的研究，但当时对其重视不足。到了20世纪90年代后，由于工业废水排放造成的水体和土壤重金属污染得到有效治理，但部分地区土壤重金属浓度却在不断增加，研究发现这是由于大气中重金属干湿沉降造成的。据报道许多工业发达国家大气沉降对土壤系统中重金属积累贡献率在各种外源输入因子中排首位。研究人员采用室内模拟实验的方法，研究了大气重金属污染对土壤汞累积的影响，说明大气重金属可直接沉降到土壤中或被土壤吸附，也可以为植物吸收而向土壤传输。

（2）污水的灌溉

随着城市工业的发展和城市化进程的加快，水资源已经逐渐缺乏，部分工业废水未经处理直接排入河流，使得污水灌溉成为农业灌溉用水的重要组成部分。含重金属浓度较高的污染表土，容易在降水的作用下分别进入水体中，进而进入农业灌溉中也是一个主要原因。

（3）农业生产

重金属污染对农作物的生长、产量、品质均有较大的危害，尤其是被作物吸收富集，进入食物链对人畜健康构成潜在危险。由于农用化肥的大量投入，造成农田土壤的污染，严重影响农产品的质量。肥料在促进生物生长的同时，也会带入一些重金属，造成重金属元素在土壤中的积累。

在污水处理普及率高的地区，污泥农用成为农田土壤重金属污染的主要来源之一。污泥施用于农田可以肥田，起到改良土壤结构和增产的作用，但是由于工业的发展，污泥中都不同程度地含有重金属和其他有害物质，尤其是城市污水处理厂产生的污泥以及有工业废水排入的江河湖泊中的底泥。

2. 重金属污染的危害

同其他土壤污染类型相比，重金属污染本身的隐匿性、长期性、不可逆性较强，且这种污染问题一旦出现，则很难消逝。一旦重金属污染存在于土壤中，不仅很难被移动，还会长时间滞留在其产生区域，不断污染周边土壤。与此同时，重金属污染物不仅无法被微生物有效降解，还会借助植物、水等介质，被动植物所吸收，而后进入人类食物链中，对人体健康产生威胁。

重金属污染对作物生产造成不利影响。因为重金属污染物在土壤与作物系统迁移的过程中，会对作物正常的生长发育和生理生化产生直接影响，从而降低作物的品质与产量。例如，镉属于对植物生长危害性较大的重金属，如果土壤镉含量较高，植物叶片上的叶绿素结构就会被破坏，根系生长被抑制，阻碍根系吸收土壤中的养分与水分，降低产量；会对人体生命健康产生影响。土壤中存在的重金属污染物可以借助食物链对人体健康造成危害。例如，汞进入人体后被直接沉入肝脏中，破坏大脑的视神经。

## （二）土壤重金属治理方法

1. 工程治理法

工程治理法是通过利用化学或者是物理学中的相关原理，对土壤中的重金属污染问题展开有效治理的一种方法。现阶段，工程治理法主要包括热处理法、淋洗法与电解法等。但该项方法处理过程和处理工艺复杂，需要花费的成本高，且经过该方法处理后的土壤，其本身的肥力会有所降低。

2. 生物治理法

生物治理法指的是借助生物在生长过程中的一些习性，来达到改良、抑制、适应重金属污染的目的。在该项治理方法中最为常见的就是微生物、植物和动物治理法。以植物治理重金属有以下四个方面的作用：

植物固定：利用植物降低重金属的生物可利用性或毒性，减少其在土体中通过淋滤进入地下水或通过其他途径进一步扩散。根分泌的有机物质在土壤中金属离子的可溶性与有效性方面扮演着重要角色。根分泌物与金属形成稳定的金属螯合物可降低或提高金属离子的活性。植物固定可能是植物对重金属毒害抗性的一种表现，并未去除土壤中的重金属，环境条件的改变仍可使它的生物有效性发生变化。

植物挥发：植物将吸收到体内的污染物转化为气态物质，释放到大气环境中。植物可将环境中的硒转化成气态的二甲基硒和二甲基二硒等气态形式。植物挥发只适用于具有挥发性的金属污染物，应用范围较小。此外，将污染物转移到大气环境中对人类和生物有一定的风险，因此其应用受到一定程度的限制。

植物吸收：利用能超量积累金属的植物吸收环境中的金属离子，将它们输送并储存在植物体的地上部分，这是当前研究较多且认为是最有发展前景的修复方法。能用于植物修复的植物应具有以下几个特性：对低浓度污染物具有较高的积累速率；体内具有积累高浓度污染物的能力；能同时积累几种金属；具有生长快与生物量大的特点；抗虫抗病能力强。但植物吸收后其叶上部分脱落又回到地面进入土壤可能造成二次污染。

植物降解：植物降解一般对某些结构较简单的有机污染物去除效率很高，对结构复杂的污染物质则无能为力。根际生物降解修复方式实际上是微生物和植物的联合作用过程，其中微生物在降解过程中起主导作用。植物修复是一种天然、洁净、经济地去除污染物的方法，但是利用植物修复是相对漫长的过程，要花数年时间才能把土壤中的重金属含量降到安全或可接受的水平，因为已发现的大部分金属超积累植物不但生长缓慢而且植株矮小。

生物治理：是利用鼠类和蚯蚓等动物能够吸收重金属的特性；植物治理则是利用植物积累到一定程度可以清除重金属污染，对重金属具有忍耐力的特质。与工程治理法相比，生物治理方式具有投资相对较小、管理便利、对环境破坏性小等优势，但治理时间较长。

3. 化学治理法

化学治理法是通过向已经被重金属污染的土壤中投入适量的抑制剂和改良剂等其他化学物质的方式，增加有机质、阳离子等在土壤中代换量和黏粒含量，来改变被污染土壤电导、Eh、pH 等其他理化性质，使重金属可以通过还原、氧化、拮抗、吸附、沉淀、抑制等化学作用被有效消除。例如向土壤中投放钢渣，它在土壤中容易被氧化成铁的氧化物，对铜、锂、锌等离子具有很好的吸附、共沉淀作用，实现固定金属效果。

## 三、土壤有机物污染

### （一）土壤有机污染物的来源、种类

土壤的有机污染物主要分为天然的有机污染物和人工合成的有机污染物两类。天然有机污染物主要是由生物体的代谢活动及其他化学过程产生的，如萜烯类、黄曲霉类、麦角、细辛脑、草蒿脑等；人工合成的有机污染物来源广泛，它由酚、油类、多氯联苯、苯并芘

等组成构成。主要污染源有农业污染源、工业污染源、交通运输污染源、生活污染源四大类。

农业污染源是指有含有机磷类、有机氯类、氨基甲酸酯类的农药，含有氮和磷的化学肥料以及一些农业垃圾的堆放等。

工业污染源主要是有一些石灰、水泥、油漆、塑料等难降解的建筑废弃物和工业污水的灌溉等。

交通运输污染源主要是汽车尾气等的排放。

生活污染源是指生活垃圾、废水等生活废弃物。

### （二）土壤有机物污染的危害

这些土壤的有机污染物会对土壤的物理、化学性质造成影响，严重者更会影响作物生长，降低农作物的数量和质量，造成农业产品的退化；由于土壤是植物和一些生物的营养来源，所以土壤中的有机污染物会通过食物链发生传递和迁移，其富集系数在各营养级中都可达到惊人的程度，目前动物和人类自身都遭受有机污染物的污染和威胁，经研究表明，这些土壤污染物会对人体的神经系统造成影响，损坏肝脏，还会致癌，导致慢性中毒等；它们对环境的影响也是不容小觑的，有机污染物会导致生物链的复杂程度降低，生物多样性遭到破坏，还会导致生物致畸，严重者会导致生物灭绝。

### （三）土壤有机物污染治理与修复

1. 物理处理法

（1）挖掘填埋法

挖掘填埋法是最为常见的物理治理方法，该方法是将受污染的土壤用人工挖掘的办法将其运走，送到指定地点填埋，以达到清除污染物的目的。然后再将未受污染的土壤填回，以便能重新对土地进行利用。这种方法虽然对一些特别有害的物质的清除是可行的，但是它不能从真正意义上达到清除污染物的目的，只是将污染物进行了一次转移，费用高昂，不建议采用。

（2）蒸汽浸提法

蒸汽浸提法（SVE）是通过向污染土壤内引入清洁空气产生驱动力，利用土壤固、液、气三相之间的浓度梯度，降低土壤孔隙的蒸汽压，把土壤中的污染物转化为蒸汽形式而加以去除的技术。

（3）通风去污法

通风去污法的原理在于当液态的有机污染物泄漏后，它将在土地中横向、纵向迁移，最后存留在毛细管和地下水界面之上的土壤颗粒之间，由于有机烃类挥发性高，因此可在受污染地区打井引发空气流经污染土壤区，使污染物加速挥发而被清除。该技术一般采用的方法是在污染区打上一些井，其中几口井用于通风进气，其他井用于抽气，在抽气的真空系统上装上净化装置，就可以避免造成二次污染。

（4）热力学修复法

热力学修复法主要处理的污染物有半挥发性的卤代有机物和非卤代有机物、多氯联苯以及密度较高的非水质的液体有机物。它分为高温原位加热技术和低温原位加热技术。其中，原位电磁波加热修复技术属于高温原位加热技术，它是利用高频电压产生的电磁波能量对现场受污染的土壤进行加热，利用热量强化土壤蒸气浸提技术，使污染物在土壤颗粒内解吸而达到修复污染土壤的目的。

2. 物化处理法

（1）化学焚烧法

化学焚烧法也是最为常用的有机污染土壤的治理方法，该方法主要原理是利用有机物在高温下易分解的特性，将受污染土壤在高温下焚烧以达到去除污染的目的。该方法虽然能够达到完全去除污染有机物的目的，但在治理受污染土壤的同时，土壤的一些结构特性、物理化学性质也遭到了改变，使土壤无法再次利用。

（2）土壤淋洗法

土壤淋洗法使用范围广，见效快，处理量大，是一种较好的应用性方法。该方法主要是用水或含有冲洗助剂的水溶液、酸碱溶液、络合剂或表面活性剂等淋洗剂淋洗被有机物污染的土壤或沉积物，是有机污染物从土壤中洗脱的过程，从而达到去除有机污染物的目的。淋洗的废水经处理后可以达标排放，同时处理后的土壤可以再次利用，是一种较为环保的处理方法。

（3）电热修复法

电热修复法是利用高频电压产生电磁波，从而产生热能，对土壤进行加热，使有机污染物从土壤颗粒中分离出来，从而达到修复污染土壤的目的。该方法可以将一些污染物置于高温高压下形成玻璃态物质，从根本上消除这部分土壤污染物。

（4）电动力学修复法

电动力学修复法是指通过电化学和电动力学的电渗、电泳、电迁移等作用，将有机污染物驱动富集到电极区，然后通过收集系统统一收集，并做进一步处理的方法。

3. 生物处理法

（1）原位生物修复

原位生物修复主要方法有直接将外源污染物降解菌接种到受污染的土壤中，并提供这些细菌生长所需的营养物质，从而达到将污染物就地降解的投菌法；就地定期向土壤投加过氧化氢和相关营养物质，以便使土壤中微生物通过代谢将污染物完全矿化为二氧化碳和水的原位生物培养法；还有一种强迫氧化的生物降解方法，在污染的土壤上打至少两口井，然后安装鼓风机和抽真空机，将空气强排入土壤，然后再抽出。土壤中有毒挥发物质也随之去除，在通入空气时另加入一定量的氨气，为微生物提供氮源增加其活性；以及对污染土壤进行耕耙处理，在处理过程中施入肥料，进行灌溉，用石灰调节酸度，以使微生物得到最适宜的降解条件的方法等。该类方法无须将污染物移除，节约时间，效率高，但不宜控制，污染物易扩散。其主要影响因素是氧气及氮气的传送以及土壤的渗透性。

（2）异位生物修复

异位生物修复是指将被污染的土壤搬送到其他地方进行生物修复处理。它的主要方法是堆肥法，将土壤和一些易降解的有机物如粪肥、稻草、泥炭等混合堆制，同时加石灰调节酸度，经发酵处理，可以降解大部分污染物。

土壤有机污染物治理的生物处理方法的优点主要表现在以下几个方面：首先，处理使用成本低，其处理费用仅相当于物化方法的一半，处理效果较好，性价比高；其次，它与物化处理方法相比不易造成二次污染，对环境的影响很小，不会造成植物生长所需要的土壤环境的破坏，对土壤结构、土壤微生物、动物也不会构成威胁；最后，处理操作方法简单，可以就地进行处理。正是因为这些优点，应用生物处理的方法降解有机污染物已成为如今土壤有机物污染治理技术研究的一大热点，虽然该类方法较难控制，存在着土壤与土壤生物难以分离的难题，但如果妥善解决，将是一种很有发展前景的处理方法。

4. 生态修复法

近年来，植物修复技术被认为是一种易接受、大范围应用的植物技术，也被视为是一种植物固碳技术和生物质能源生产技术。它不仅应用于土壤中有机污染物的去除，而且同时可以应用于人工湿地建设、填埋场表层覆盖与生态恢复、生物栖息地重建等方面。

植物修复方法是一种利用天然植物及其根际微生物的生长代谢作用去除、转化和固定土壤中的有机污染物，从而实现土壤净化目的的方法。它包括利用植物根系控制污染扩散和恢复生态功能的植物稳定修复、植物超积累或积累性功能的植物吸取修复、利用植物代谢功能的植物降解修复、利用植物转化功能的植物挥发修复、利用植物根系吸附的植物过滤修复等技术。植物修复的方法主要有四种。第一种是植物提取法，植物直接吸收有机污染物并在体内蓄积，植物收获后再进行热处理、微生物处理和化学处理等。第二种是植物降解法，植物本身及其相关微生物和各种酶系将有机污染物降解为小分子的水和二氧化碳，或转化为无毒性的中间产物。第三种是植物稳定法，植物在与土壤的共同作用下，将有机物固定并降低其生物活性，使其在根部的积累沉淀或根表吸收来加强土壤中相关物质的固化，以减少其对生物与环境的危害。第四种是植物挥发法，植物挥发是与植物吸收相连的，它是利用植物的吸取、积累、挥发而减少土壤有机污染物。

有机物污染土壤的植物修复与其他修复技术相比，有着许多优点，如成本低、对环境影响小、能使地表长期稳定，清除土壤污染的同时可清除污染土壤周围的大气和水体中的污染物，这样有利于改善生态环境。但该处理方法对土壤条件要求较高，受环境因素限制较大，修复周期较长。虽然目前开展了一些有关利用苜蓿、黑麦草等植物修复多环芳烃、多氯联苯和石油烃的研究工作，但是有机污染土壤的植物修复技术的田间研究还很少，有待进一步的完善和成熟。

## 第四节 土壤农药污染

### 一、化学农药对土壤的污染

农药是指用于预防、消灭或者控制危害农业、林业的病、虫、草和其他有害生物以及有目的地调节植物、昆虫生长的化学合成物或者来源于生物、其他天然物质的物质及其制剂。迄今为止，世界各国所注册的1500多种农药中，常用的有300多种，按农药化学结构可分为有机磷、氨基甲酸酯、拟除虫菊酯、有机氮化合物、有机硫化合物、醚类、杂环类和有机金属化合物等；按其主要用途可分为杀虫剂、杀螨剂、杀鼠剂、杀软体动物剂、杀菌剂、杀线虫剂、除草剂、植物生长调节剂等；按农药来源可分为矿物源农药、生物源农药及化学合成农药，而生物源农药又可细分为动物源农药、植物源农药和微生物源农药三类。

土壤中农药的污染来自防治作物病虫害及除杂草用的杀虫剂、杀菌剂和除草剂，这些污染可能是直接施入土壤，也可能是因喷洒而淋溶到土壤中。由于农药的大量使用，致使有害物质在土壤中积累，引起植物生长的危害或者残留在作物中进入食物链而危害人的健康，进而形成农药对土壤的污染。

### （一）影响农药残留的主要因素

土壤中农药的残留受农药的品种、土壤性状、作物品种、气象条件和时间的影响，还与农药的使用量及栽培技术有密切关系。当农药施入农田后会产生一系列的行为：①农药被土壤吸附后，其迁移能力和生理性随着发生变化，土壤对农药的吸附尽管在一定程度上起着净化和解毒作用，但这种作用较为有限且不稳定，其吸附能力不但受土壤质地的影响（沙土的吸附容量少，黏土及有机质土壤的吸附容量大），还受农药结构的影响，因而吸附对农药在土壤中的残留影响最大。②农药在土壤中迁移，其迁移方式有挥发和扩散。农药在土壤中的迁移还与土壤的性状有关，沙土的迁移能力大，黏土及有机质土壤迁移能力小，其迁移能力直接影响农药在土壤中的残留。③农药在土壤中的降解。降解是农药在环境中的各种物理、化学、生物等因素作用下逐渐分解，它一般分为化学降解和微生物降解。土壤中的降解主要是微生物降解。

### （二）化学农药在土壤中的残留积累毒害

农药一旦进入土壤生态系统，残留是不可避免的，尽管残留的时间有长有短，数量有大有小，但有残留并不等于有残毒，只有当土壤中的农药残留积累到一定程度，与土壤的自净效应产生脱节、失调，危及农业环境生物，包括农药的靶生物与非靶环境生物的安全，间接危害人畜健康，才称其具有残留积累毒害。一般说来，土壤化学农药的残留积累毒害主要表现在以下两个方面：

1. 残留农药的转移产生的危害

残留农药的转移主要与食物有关，主要有三条路线。第一条，土壤→陆生植物→食草动物；第二条，土壤→土壤中无脊椎动物→脊椎动物→食肉动物；第三条，土壤→水系（浮游生物）→鱼和水生生物→食鱼动物。一般来说，水溶性农药易构成对水生环境中自、异养型生物的污染危害。脂溶性或内吸传导型农药，易蓄积在当季作物体内甚至造成对后季作物的二次药害和再污染，引起陆生环境中自、异养型生物及食物链高位次生物的慢性危害。积累于动物体内的农药还会转移至蛋和奶中，由此造成各种禽兽产品的污染。人类以动植物的一定部位为食，由于动植物体受污染，必然引起食物的污染。可见，由于残留农药的转移及生物浓缩的作用，才使得农药污染问题变得更为严重。

2. 残留农药对靶生物的直接毒害

农药残存在土壤中，对土壤中的微生物、原生动物以及其他的节肢动物、环节动物、软体动物等均产生不同程度的影响。还有试验证明，农药污染对土壤动物的新陈代谢以及卵的数量和孵化能力均有影响。另外，土壤中残留农药对植物的生长发育也有显著的影响。

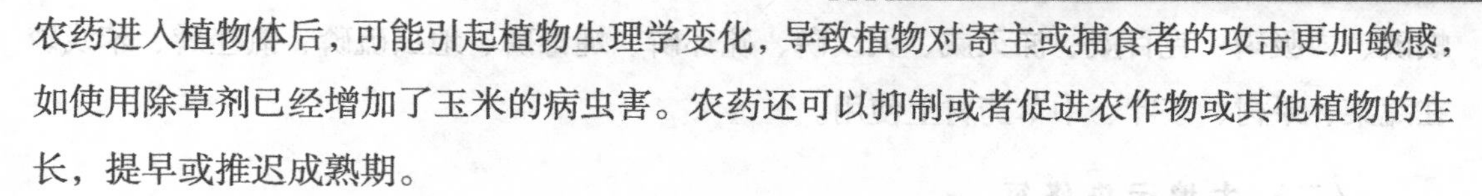


农药进入植物体后，可能引起植物生理学变化，导致植物对寄主或捕食者的攻击更加敏感，如使用除草剂已经增加了玉米的病虫害。农药还可以抑制或者促进农作物或其他植物的生长，提早或推迟成熟期。

## 二、土壤污染防治与修复

### （一）采取综合性防治措施

为既高效又经济地把农药对土壤的污染降低到最低范围，目前已有诸多综合性防治措施。

1. 选育良种，加强病虫害的预报、防治

（1）选用优良品种

利用植物的抗虫性，选育丰产、抗虫并具备其他性状的良种是害虫防治的较为经济简单的方法。

（2）破坏害虫的生存条件

首先，利用植物密度影响田间温湿度、通风透光等小气候条件，影响作物的生育期，从而影响害虫的生活条件。适时排灌也是迅速改变害虫生活环境，抑制其生长的有效措施。其次，进行土壤翻耕对某些害虫特别是生活在土面或土中的害虫迅速改变其生活环境，或将害虫埋入深土，或将土内害虫翻至地面，使其暴露在不良的气候条件下或受天敌侵害或直接杀死害虫。最后，通过对害虫生活习性的研究，做好预报、预测，以便及时防治，做到治早、治小。

2. 化学防治

化学防治防治效果稳定、见效快。当害虫猖獗时必须用化学防治才能解决问题。

3. 安全合理地施用农药

禁止使用剧毒高残留农药，禁止使用高残留的有机氯农药，因其长效性不仅在人体内富集，甚至危及子孙后代。为确保农产品质量安全，近年来，农业部陆续公布了一批国家明令禁止使用或限制使用的农药。全面禁止使用的农药（23 种）：六六六（HCH），滴滴涕（DDT），毒杀芬，二溴氯丙烷，杀虫脒，二溴乙烷（EDB），除草醚，艾氏剂，狄氏剂，汞制剂，砷、铅类，敌枯双，氟乙酰胺，甘氟，毒鼠强，氟乙酸钠，毒鼠硅，甲胺磷，对硫磷，甲基对硫磷，久效磷和磷胺。限制使用的农药（18 种）：禁止氧乐果在甘蓝上使用；禁止三氯杀螨醇和氰戊菊酯在茶树上使用；禁止丁酰肼（比久）在花生上使用；禁止特丁硫磷在甘蔗上使用；禁止甲拌磷、甲基异柳磷、特丁硫磷、甲基硫环磷、治螟磷、内吸磷、克百威、涕灭威、灭线磷、硫环磷、蝇毒磷、地虫硫磷、氯唑磷、苯线磷在蔬菜、果树、茶叶、中草药材上使用。

## （二）土壤污染修复

1. 生物修复特点及分类

污染土壤的生物修复是指在一定的条件下，利用生物的生命代谢活动减少环境中有毒有害物质的浓度或使其完全无害化，从而使受污染的土壤环境能部分或完全地恢复到原始状态。对土壤污染处理而言，传统的物理和化学修复技术的最大弊端是污染物去除不彻底，导致二次污染的发生，从而带来一定程度的环境健康风险。而生物修复有着物理修复、化学修复无可比拟的优越性：处理费用低，处理效果好，对环境的影响低，不会造成二次污染，操作简单，可以就地进行处理等。有机污染物的生物修复研究较为广泛深入，包括多氯联苯、多环芳烃、石油、表面活性剂、杀虫剂等。湿地生物修复技术是利用湿地植物根系改变根区的环境，湿地植物提供微生物附着和形成菌落场所，并促进微生物群落的发育，达到治理目的。

生物修复目前分为两类：原位生物修复和异位生物修复。原位生物修复就是在原地进行生物修复处理而对受污染的土壤或水体介质不做搬迁，其修复过程主要依赖于土著微生物或外源微生物的降解能力和合适的降解条件；异位生物修复是将被污染的介质（土壤或水体）搬动或输送到他处进行的生物修复处理，一般受污染土壤较浅，且易于挖掘，或污染场地化学特性阻碍原位生物修复就采用此修复方法。

2. 微生物修复技术

微生物对有机污染物的修复是利用土壤中的某些微生物对有机污染物进行吸附、吸收、氧化和还原，从而降低土壤中有机物的浓度。

20 世纪 90 年代我国已经开始这方面的研究工作。微生物对有机污染土壤的修复是以其对污染物的降解和转化为基础的，主要包括好氧和厌氧两个过程。完全的好氧过程可使土壤中的有机污染物通过微生物的降解和转化而成为 $CO_2$ 和 $H_2O$，厌氧过程的主要产物为有机酸与其他产物。然而，有机污染物的降解是一个涉及许多酶和微生物种类的分步过程，一些污染物不可能被彻底降解，只是转化成毒性和移动性较弱或更强的中间产物，这与污染土壤生物修复应将污染物降解为对人类和环境无害的产物的最终目标相违背，在研究中应特别注意对这一过程进行生态风险与安全评价。

（1）原位生物修复

原位生物修复主要集中在亚表层土壤的生态条件优化，尤其是通过调节加入无机营养或可能限制其反应速率的氧气（或诸如过氧化氢等电子受体）的供给，以促进土著微生物或外加的特异微生物对污染物质进行最大限度的生物降解。当挖取污染土壤不可能时或泥浆生物反应器的费用太贵时，宜采用原位生物修复方法，如土耕法、投菌法、生物培养法、生物通气法等。土耕法要求现场土质必须有足够的渗透性，以及存在大量具有降解能力的微生物。该法操作简单、费用低、环境影响小、效果显著，缺点是污染物可能从土壤迁移，且处理时间较长。

生物培养法是要定期地向污染环境中投加 $H_2O$ 和营养，以满足污染环境中已经存在的降解菌的需要。研究表明，通过提高受污染土壤中土著微生物的活力比采用外源微生物的方法更有效。对生物通气法，大部分低沸点、易挥发的有机物可直接随空气抽出，而那些高沸点的重组分在微生物的作用下被彻底矿化为二氧化碳和水。其显著优点是应用范围广，操作费用低；缺点是操作时间长。

（2）异位生物修复

异位生物修复是指将被污染土壤搬运和输送到他处进行生物修复处理，主要有土地耕作法、堆肥法、厌氧处理法、生物反应器法。土地耕作法费用极低，应用范围较广，但在土地资源紧张的地区此法受到限制，也容易导致挥发性有机物进入大气中，造成空气污染，且难降解的物质会积累其中，增加土壤毒性。堆肥法对去除含高浓度不稳定固体的有机复合物是最有效的，处理时间较短。对三硝基甲苯、多氯联苯等好氧处理不理想的污染物可用厌氧处理，效果较好。由于厌氧条件难以控制，且易产生中间代谢污染物等，其应用比好氧处理少。由于生物反应器内微生物降解的条件容易满足与控制，因此，其处理速度与效果优于其他处理方法，但大多数的生物反应器结构复杂，成本较高。目前，用于有机污染土壤生物修复的微生物主要有土著微生物、外来微生物和基因工程菌三大类，已应用于地下储油罐污染地、原油污染海湾、石油泄漏污染地及其废弃物堆置场，和含氯溶剂、苯等多种有机污染土壤的生物修复。但是，微生物修复有时并不能去除土壤中的全部污染物，只有与物理和化学处理方法组成统一的处理技术体系时，才能真正达到对污染土壤的完全修复。污染土壤的微生物修复过程是一项涉及污染物特性、微生物生态结构和环境条件的复杂系统工程。目前虽然对利用基因工程菌构建高效降解污染物的微生物菌株取得了巨大成功，但人们对基因工程菌应用于环境的潜在风险性仍存在种种担心，美国、日本、欧洲等大多数国家和地区对基因工程菌的实际应用有着严格的立法控制。在对微生物修复影响因子充分研究的基础上，寻求提高微生物修复效能的其他途径显得非常迫切。

3. 植物修复技术

重金属污染土壤的植物修复利用植物对某种污染物具有特殊的吸收富集能力，将环境中的污染物转移到植物体内或将污染物降解利用，对植物进行回收处理，达到去除污染与修复生态的目的。

有机物污染土壤的植物修复机理：有机污染物被植物吸收后，可通过木质化作用使其在新的组织中储藏，也可使污染物矿化或代谢为 $H_2O$ 和 $CO_2$，还可通过植物挥发或转化成无毒性作用的中间代谢产物。植物释放的各种分泌物或酶类，促进了有机污染物的生物降解。植物根系可向土壤环境释放大量分泌物（糖类、醇类和酸类），其数量约占植物年光合作用的 10% ~ 20%。同时，植物根系的腐解作用也向土壤中补充有机碳，这些作用均可加速根区中有机污染物的降解速度。植物还可向根区输送氧，使根区的好氧作用得以顺利进行。植物释放到环境中的酶类，如脱卤酶、过氧化物酶、漆酶及脱氢酶等，可降解 TNT、三氯乙烯、PAHs 和 PCB 等细菌难以降解的有机污染物。由于植物根系活动的参与，根际微生态系统的物理、化学与生物学性质明显不同于非根际土壤环境。根际微生物数量明显高于非根际土壤，根际可加速许多农药、三氯乙烯和石油烃的降解。微生物对多环芳烃（PAHs）的降解常有两种方式：一是作为微生物生长过程中的唯一碳源和能源被降解；二是微生物把多环芳烃与其他有机质共代谢（共氧化）。一般情况下，微生物对多环芳烃的降解都要有 $O_2$ 参与，产生加氧酶，使苯环分解。真菌主要产生单加氧酶，使多环芳烃羟基化，把一个氧原子加到苯环上形成环氧化物，接着水解生成反式二醇和酚类。细菌常产生双加氧酶，把两个氧原子加到苯环上形成过氧化物，然后生成顺式二醇，接着脱氢产生酚类。多环芳烃环的断开主要依靠加氧酶的作用，把氧原子加到 C–C 键上形成 C–O 键，再经加氢、脱水等作用使 C–C 键断开，达到开环的目的。对低相对分子质量多环芳烃，在环境中能被一些微生物作为唯一碳源很快降解为 $CO_2$ 和 $H_2O$。由于环境中能降解高分子多环芳烃（4 环以上）的菌类很少，难以被直接降解，常依靠共代谢作用。共代谢作用可提高微生物降解多环芳烃的效率，改变微生物碳源与能源的底物结构，扩大微生物对碳源的选择范围，从而达到降解的目的。

# 第五章　固体废弃物控制工程

## 第一节 固体废弃物分类和危害

### 一、固体废弃物分类

固体废弃物包括生产建设、日常生活和其他活动中产生的污染环境的固态、半固态和盛有气体或液体的容器。固体废物分为三大类：工业固体废物、危险固体废物和城市生活垃圾。

#### （一）工业固体废物

工业固体废物是在工业生产和加工过程中产生的，排入环境的各种废渣、污泥、粉尘等。工业固体废物如果没有严格按环保标准要求安全处理处置，会对土地资源、水资源造成严重的污染。

#### （二）危险固体废物

危险固体废物特指有害废物，具有易燃性、腐蚀性、反应性、传染性、毒性、放射性等特性，产生于各种有危险废物产物的生产企业。从危险废物的特性看，它对人体健康和环境保护潜伏着巨大危害，例如医疗废物、生活垃圾焚烧飞灰等。

#### （三）城市生活垃圾

城市生活垃圾指在城市日常生活中或者为城市日常生活提供服务的活动中产生的固体废物。包括有机类，如瓜果皮、剩菜剩饭；无机类，如废纸、饮料罐、废金属等；有害类，如废电池、荧光灯管、过期药品等。

## 二、固体废弃物的危害

### （一）对土壤的危害

固体废物长期露天堆放，其有害成分在地表径流和雨水的淋溶、渗透作用下通过土壤孔隙向四周和纵深的土壤迁移。在迁移过程中，有害成分要经受土壤的吸附和其他作用。通常，由于土壤的吸附能力和吸附容量很大，随着渗滤水的迁移，使有害成分在土壤固相中呈现不同程度的积累，导致土壤成分和结构的改变，植物又是生长在土壤中，间接又对植物产生了污染，有些土地甚至无法耕种。

### （二）对大气的危害

废物中的细粒、粉末随风扬散；在废物运输及处理过程中缺少相应的防护和净化设施，释放有害气体和粉尘；堆放和填埋的废物以及渗入土壤的废物，经挥发和反应放出有害气体，都会污染大气并使大气质量下降。例如，焚烧炉运行时会排出颗粒物、酸性气体、未燃尽的废物、重金属与微量有机化合物等。石油化工厂油渣露天堆置，则会有一定数量的多环芳烃生成且挥发进入大气中。填埋在地下的有机废物分解会产生二氧化碳、甲烷（填埋场气体）等气体进入大气中，如果任其聚集会发生危险，如引发火灾，甚至发生爆炸。

### （三）对水体的危害

如果将有害废物直接排入江、河、湖、海等地，或是露天堆放的废物被地表径流携带进入水体，或是飘入空中的细小颗粒，通过降雨的冲洗沉积和凝雨沉积以及重力沉降和干沉积而落入地表水系，水体都可溶解出有害成分，毒害生物，造成水体严重缺氧，富营养化，导致鱼类死亡等。

有些未经处理的垃圾填埋场或是垃圾箱，经雨水的淋滤作用，或废物的生化降解产生的沥滤液，含有高浓度悬浮固态物和各种有机与无机成分。如果这种沥滤液进入地下水或浅蓄水层，将变得难以控制。稀释与清除地下水中的沥滤液比地表水要慢许多，它可以使地下水在不久的将来变得不能饮用，而使一个地区变得不能居住。

倾入海洋里的塑料对海洋环境危害很大，因为它对海洋生物是最为有害的。海洋哺乳动物、鱼、海鸟以及海龟都会有受到撒入海里的废弃渔网缠绕的危险，有时像幽灵似的捕杀鱼类，如果潜水员被缠住，就会有生命危险。抛弃的渔网也会危害船只。例如，缠绕推进器造成事故。塑料袋与包装袋也能缠住海洋哺乳动物和鱼类，当动物长大后会缠得更紧，限制它们的活动、呼吸与捕食。饮料桶上的塑料圈对鸟类、小鱼会造成同样的危害。海龟、哺乳动物和鸟类也会因吞食塑料盒、塑料膜、包装袋等而窒息死亡。

### （四）对人体的危害

生活在环境中的人，以大气、水、土壤为媒介，可以将环境中的有害废物直接由呼吸道、消化道或皮肤摄入人体，使人致病。

# 第二节 固体废弃物的预处理

## 一、压缩

### （一）压缩的概念和目的

通过外力加压于松散的固体废物，以缩小其体积，使固体废物变得密实的操作简称为压实，又称为压缩。压缩的目的有两个：一方面可增大容重、减少固体废物体积以便于装卸和运输，确保运输安全与卫生，降低运输成本；另一方面可制取高密度惰性块料，便于储存、填埋或作为建筑材料使用。

### （二）压缩的原理及主要设备

1. 压缩原理

大多数固体废物是由不同颗粒与颗粒间的空隙组成的集合体。自然堆放时，表观体积是废物颗粒有效体积与孔隙占有的体积之和，即

$$V_m = V_s + V_v$$

其中，$V_m$为固体废物的表观体积；$V_s$为固体颗粒体积（包括水分）；$V_v$为孔隙体积。

进行压实操作时，随着压强的增加，孔隙体积下降，表观体积也随之下降，而容重增加。压实的实质可看作是消耗一定的压力能，提高废物容重的过程。当固体废弃物受到外界压力时，各颗粒间相互挤压，变形或破碎，从而达到重新组合的效果。

适于压实处理的主要是压缩性能大而复原性小的物质，木材、金属、玻璃、塑料块等本身已经很密实的固体或焦油、污泥等半固体废物不宜做压实处理。

2. 压缩设备

压缩设备可分为固定式和移动式两种。

固定式压实器：凡用人工或机械方法（液压方式为主）把废物送进压实机械中进行压实的设备称为固定式压实器。如各种家用小型压实器、废物收集车上配备的压实器及中转站配置的专用压实机。

移动式压实器：是指在填埋现场使用的轮胎式或履带式压土机、钢轮式布料压实机以及其他专门设计的压实机具。

## 二、破碎

### （一）破碎的概念和目的

在外力作用下破坏固体废物质点间的内聚力使大块的固体废物分裂为小块的过程，称为垃圾破碎。破碎的目的是：减小固体废物的颗粒尺寸；降低空隙率、增大废物容重，有利于后续处理与资源化利用。

### （二）破碎的方法及主要设备

1. 破碎方法

（1）干式破碎

干式破碎分为机械能破碎和非机械破碎。机械能破碎就是利用破碎工具对固体废物施力而将其破碎的方法。破碎作用分为挤压、劈碎、剪切、磨剥、冲击破碎等。而非机械破碎就是利用电能、热能等对固体废物进行破碎的新方法，如低温、热力、减压及超声波破碎等。

（2）湿式破碎

利用特制的破碎机将投入机内的含纸垃圾和大量水流一起剧烈搅拌和破碎成为浆液的过程。

（3）半湿式破碎

破碎和分选同时进行。利用不同物质在一定均匀湿度下其强度、脆性（耐冲击性、耐压缩性、耐剪切力）不同而破碎成不同粒度。

2. 破碎设备

处理固体废物的破碎机通常有颚式、锤式、剪切式、冲击式、辊式破碎机和粉磨机。

（1）颚式破碎机

颚式破碎机属于挤压型破碎机械，适于坚硬和中硬废物。主要部件有固定颚板、可动颚板、连动于传动轴的偏心转动轮，两块颚板构成破碎腔。根据可动颚板分为简单摆动和复杂摆动颚式破碎机。

（2）锤式破碎机

锤式破碎机主体破碎部件包括多排重锤和破碎板。电动机带动主轴、圆盘、销轴及锤头（合成转子）高速旋转。按转子数目可分为两类：单转子锤式破碎机（可逆式和不可逆式）和双转子锤式破碎机。

## 三、分选

### （一）分选的概念和目的

分选就是为了实现垃圾处理的“资源化、减量化和无害化”，可将城市生活垃圾分选为无机物类、沙土类、有机物类、不可回收可燃物类、薄膜塑料类和铁磁物类等，通过分选，实现垃圾的资源化、处理的合理化，降低运转成本、提高经济效益等。

### （二）分选的方法及主要设备

1. 筛分

筛分就是依据固体废物的粒径不同，利用筛子将物料中小于筛孔的细粒物料透过筛面，而大于筛孔的粗粒物料留在筛面上，完成粗细物料的分离过程。

2. 风力分选

风力分选的基本原理是气流将较轻的物料向上带走或水平方向带向较远的地方，而重物料则由于上升气流不能支持它们而沉降，或由于惯性在水平方向抛出较近的距离。风力分选过程是以各种固体颗粒在空气中的沉降规律为基础的。风力分选主要是回收纸张、塑料等可回收利用成分。

3. 磁选

磁选技术主要应用于对矿产资源的分类。磁选的工作原理是待选的物料进入磁选机的分选空间后，磁性材料（如铁质材料）在磁场作用下被磁化，受到磁场吸引力作用吸附在圆筒上，被带到排矿端；非磁性材料受到的磁场作用力很小，不容易吸到圆筒上。

4. 弹跳分选

弹跳分选机是针对经过粗破碎后垃圾中的无机颗粒分选而设计的带有分离功能的输送设备，是利用破碎后垃圾物料特性，输送皮带设计弹跳功能在一面输送物料的同时把无机颗粒或其他硬性颗粒物弹跳分离出来，被分离出的颗粒物与输送物料成反方向运动从而实现分选的目的。弹跳分选主要是选出电池、陶瓷、砖石等成分。

## 第三节 固体废弃物的脱水

凡含水率超过 90% 的固体废物（包括污水处理厂的剩余污泥），必须先脱水减容，以便于包装、运输与资源化利用。常用的方法介绍如下：

第一，浓缩脱水：主要脱出间隙水。

第二，机械过滤脱水：主要脱出毛细结合水和表面吸附水。

第三，泥浆自然干化脱水：利用自然蒸发和底部滤料、土壤进行过滤脱水。

### 一、浓缩脱水

#### （一）重力浓缩

1. 原理

重力浓缩就是依据固体颗粒与溶液间存在的密度差，借重力作用脱水，脱水后含水量一般为 50%。

2. 设备

（1）间隙式浓缩池

间断浓缩，上清液虹吸排出，仅用于小型处理厂的污泥脱水。

（2）连续式浓缩池

结构类似辐射式沉淀池。一般直径为 5 ~ 20m 的圆形或矩形钢筋混凝土构筑物。可分为有刮泥机与污泥搅动装置的浓缩池、不带刮泥机的浓缩池，以及多层浓缩池三种。

#### （二）气浮浓缩

气浮浓缩就是依靠大量小气泡附着在污泥颗粒上，形成污泥颗粒 – 气泡结合体，进而产生浮力把颗粒带到水表面，用刮泥机刮出的过程。浓缩速度快，处理时间一般为重力浓缩的 1/3 左右；占地较少；生成的污泥较干燥，表面刮泥较方便。但基建和操作费用较高，管理较复杂。费用较重力浓缩高 2 ~ 3 倍。所涉及的设备有气浮池。

#### （三）离心浓缩

离心浓缩就是利用污泥中的固体颗粒与水的密度及惯性的差异，在高速旋转的离心机中，固体颗粒和水分别受到大小不同的离心力而被分离的过程。该法占地面积小、造价低，但运行与机械维修费用较高。所涉及设备有倒锥分离板型和螺旋卸料离心机。

## 二、机械过滤脱水

机械过滤脱水是利用具有许多毛细孔的物质作为过滤介质，以过滤介质两侧产生压差作为过滤的推动力，使固体废物中的溶液强制通过过滤介质成为滤液，固体颗粒被截留成为滤饼的固液分离操作，应用最广。

### （一）过滤介质

1. 织物介质

又称滤布，包括棉、毛、丝、合成纤维等织物，以及由玻璃丝、金属丝制成的网状物。

2. 粒状介质

细沙、木炭、硅藻土等细小坚硬的颗粒状物质，多用于深层过滤。

3. 多孔固体介质

有很多微细孔道的固体材料，如多孔陶瓷、多孔塑料及多孔金属制成的管或板。耐腐蚀，且孔道细微。

### （二）过滤设备

1. 真空抽滤脱水机

在负压下操作的脱水过程，常用的真空过滤机为转鼓式，由空心转筒、分配头、污泥储槽、真空系统和压缩空气系统组成，应用最为广泛。

2. 压滤机

（1）板框压滤机

板与框相间排列而成，在滤板两侧覆有滤布，用压紧装置把板与框压紧，在板与框之间构成压滤室。在板与框的上端中间相同部位开有小孔，压紧后成为一条通道，加压到 0.2 ~ 0.4mPa 的污泥，由该通道进入压滤室，滤板的表面刻有沟槽，下端钻有供滤液排出的孔道，滤液在压力下通过滤布沿沟槽与孔道排出压滤机，从而使污泥脱水。

（2）滚压带式脱水机

滚压轴处于上下垂直的相对位置，压榨时间几乎是瞬时的，接触时间短，但压力大，污泥所受压力等于滚压轴施加压力的两倍。

### 三、泥浆自然干化脱水

污泥干化场通过渗滤或蒸发等作用，从污泥中去除大部分含水量的过程。污泥干化场占地面积较大，常常是 20 ~ 40m 的浅池，类似于一个设有围堰的广场，作用是将从浓缩池排出的污泥晾晒，进一步脱水，甚至晒成干泥饼。

干化场四周建有土或板体围堤，中间用土堤或隔板隔成等面积的若干区段（一般不少于 3 块）。为了便于起运脱水污泥，一般每区段宽度不大于 10m，长为 6 ~ 30m。渗滤水经排水管汇集排出。运行时，一次集中放满一块区段面积，放泥厚度约为 30 ~ 50cm。在良好的条件下，周期约为 10 ~ 15d，脱水污泥含水率可降到 60%。

## 第四节 固体废弃物处理与处置

### 一、卫生填埋

卫生填埋又称卫生土地填埋，是土地填埋处理的一种。土地填埋是从传统的堆放和填地处理发展起来的一项城市生活垃圾最终处理技术。同其他环境技术一样，它是一个涉及多种学科领域的处理技术。

#### （一）卫生填埋的定义

卫生填埋是利用工程手段，采取有效技术措施，防止渗滤液及有害气体对水体和大气的污染，并将垃圾压实减容至最小，填埋占地面积也最小。

卫生填埋通常是每天把运到填埋场的垃圾在限定的区域内铺散成 40 ~ 75cm 的薄层，然后压实以减少垃圾的体积，并在每天操作之后用一层厚 15 ~ 30cm 的黏土或粉煤灰覆盖、压实。垃圾层和土壤覆盖层共同构成一个单元，即填埋单元。具有同样高度的一系列相互衔接的填埋单元构成一个填埋层。完成的卫生填埋场是由一个或多个填埋层组成的。当土地填埋达到最终的设计高度之后，再在该填埋层之上覆盖一层 90 ~ 120cm 的土壤，压实后就得到一个完整的封场了的卫生填埋场。

#### （二）卫生填埋场的分类

依其填埋区所利用自然地形条件的不同，填埋场可大致分为以下三种类型：山谷型填埋场、坑洼型填埋场和滩涂型填埋场。

山谷型填埋场通常地处重丘山地。垃圾填埋区一般为三面环山、一面开口、地势较为开阔的良好的山谷地形，山谷比降大约在10%以下。此类填埋场填埋区库容量大，单位用地处理垃圾量最多，通常可达$25m^3/m^2$以上，经济效益、环境效益较好，资源化建设优势明显，符合国家卫生填埋场建设的总目标要求。山谷型填埋场的填埋区工程设施由垃圾坝、库区防渗系统、渗滤液收集系统、防排洪系统、覆土备料场、活动房和分层作业道路支线等组成。垃圾填埋采用斜坡作业法，由低往高按单元进行垃圾填埋、分层压实、单元覆土、中间覆土和终场覆土。

坑洼型填埋场一般地处低丘洼地，利用自然或人工坑洼地形改造成垃圾填埋区。填埋区工程设施由引流、防导渗、导气等系统组成。垃圾填埋通常采用坑填作业法，按单元进行垃圾填埋，分层压实、单元覆土、终场覆土。此类填埋场库容量不太大，单位用地处理垃圾量居中，场地排水、导渗不易解决，较多用于降雨量较少的地区。

滩涂型填埋场地处海边或江边滩涂地形，采用围堤筑路，排水清基，将滩涂废地辟建为填埋场填埋区。填埋区工程设施由排水、防渗、导气、覆土场等组成。垃圾填埋通常采用平面作业法，按单元填埋垃圾，分层夯实、单元覆土、终场覆土。此类填埋场填埋区库容量较大，土地复垦效果明显，经济效益、环境效益较好。

## （三）卫生填埋场生物降解产物

生活垃圾在倾倒入填埋场后，主要是在微生物作用下，进行有机垃圾的生物降解，并释放出填埋气体和大量含有机物的渗滤液。微生物对垃圾的降解作用由微生物对水中污染物的降解和微生物对固体物质的降解两部分组成，两种降解同时进行。

微生物对垃圾的降解自填埋后依次经历好氧分解阶段、兼氧分解阶段和完全厌氧分解阶段。

第一阶段：开始的几个星期为好氧分解或产酸阶段。酸性条件为后续厌氧分解创造了条件。此阶段所产生的渗滤液有机物质浓度高，$BOD_5/COD > 0.4$，$pH < 6.5$。

第二阶段：好氧分解后的11 ~ 14d为兼氧分解阶段。随着兼氧分解的进行，pH和填埋气体产量都开始上升，此时也产生高浓度有机渗滤液，$BOD_5/COD > 0.4$。

第三阶段：持续一年左右的不稳定产气阶段。此时pH上升到最大，渗滤液的污染物浓度逐渐下降，$BOD_5/COD < 0.4$，填埋气体产量和产气中甲烷浓度逐步升高。

第四阶段：7年左右的厌氧分解半衰期或稳定阶段。此时，可降解的有机物质逐渐减少，pH保持不变，渗滤液的有机物浓度下降，$BOD_5/COD < 0.1$，填埋气体产量下降，填埋气体中甲烷浓度也逐渐下降。

填埋垃圾的分解作用受多种因素的影响。例如垃圾的组成，压实的紧密度，含有的水分量，抑制物的存在，水的迁移速度和温度等都可影响垃圾的分解。有机垃圾厌氧分解的最终产物主要是稳定的有机物、挥发性有机酸和不同种类的气体。

1. 填埋气体的产生

生活垃圾填埋几周后，填埋场内部的氧气消耗殆尽，为厌氧发酵提供了厌氧条件，于是生活垃圾中的有机可降解垃圾便开始了厌氧发酵过程，这一过程可简单地归纳为两个基本阶段。

这些微生物的实际生化过程是极为复杂的。第一步是产酸阶段。倾倒的垃圾中的复杂有机物被产酸菌降解成简单的有机物，典型的有醋酸（$CH_3COOH$）、丙酸（$C_2H_5COOH$）、丙酮酸（$CH_3COCOOH$）或其他简单的有机酸及乙醇。这些细菌从这些化学反应获取自身生长所需的能量，其中，部分有机垃圾转化成细菌的细胞及细胞外物质。厌氧分解的第二步是产甲烷阶段，产甲烷菌利用厌氧分解第一阶段的产物产生 $CH_4$ 和 $CO_2$。形成二氧化碳的氧来自有机基质或者可能来自无机离子如硫酸盐。甲烷菌喜欢中性 pH 条件，而不喜欢酸性条件。第一阶段产生的酸往往降低了环境的 pH，如果产酸过量，甲烷菌的活性就会受抑制。如果要求产气，那就可在填埋场中加入碱性或中性缓冲剂从而维持填埋场中液体的 pH 在 7 左右。在这个过程中，产甲烷菌的产生要求绝对厌氧，即使是少量的氧气对它来说也是有害的。

产气速率是单位质量垃圾在单位时间内的产气量。在整个填埋年限内，填埋场中产气量的大小主要取决于垃圾中所含有机可降解成分的量和质，而产气速率的大小主要与填埋时间有关，另外还受垃圾的大小和成分、垃圾量、垃圾的压实密度、填埋层空隙中的气体压力含水率、pH、温度等因素的影响。

随着填埋场内部厌氧过程的进行，垃圾的大小和成分都会改变。垃圾的体积减小，增加了比表面积，从而提高了厌氧生化反应的速度，使甲烷的产气速率增加；垃圾的填埋时间越长，可降解有机物质含量越低，相同条件下的产气速率也就越低；垃圾的含水量是影响产气速率的重要因素，一般情况下，含水量越高则产气速度越大；甲烷的形成对 pH 要求严格，当 pH 介于 6.5 ～ 8.0 时，甲烷才能形成，甲烷发酵的最佳值是 7.0 ～ 7.2；填埋场的压实密度直接涉及空隙率的大小，从而进一步影响到填埋气体体的迁移规律，并对产气速率产生间接影响，垃圾填埋层内的气体压力与厌氧反应的速度有关，及时将填埋气体导出，减少生成物浓度及压力，有利于反应向正方向进行，从而提高了产气速率。

2. 渗滤液的产生

填埋场的一个主要问题是渗滤液的污染控制。垃圾填埋场在填埋开始以后，由于地表水和地下水的入流，雨水的渗入以及垃圾本身的分解而产生了大量的污水，这部分污水称为渗滤液。垃圾渗滤液中污染物含量高，且成分复杂，其污染物主要产生于以下三个方面。

①垃圾本身含有水分及通过垃圾的雨水溶解了大量的可溶性有机物和无机物。

②垃圾由于生物、化学、物理作用产生的可溶性生成物。

③覆土和周围土壤中进入渗滤液的可溶性物质。

垃圾渗滤液的性质随着填埋场的使用年限不同而发生变化，这是由于填埋场的垃圾在稳定化过程中不同阶段的特点而决定的，大体上可以分为以下五个阶段。

①最初的调节：水分在固体垃圾中积累，为微生物的生存、活动提供条件。

②转化：垃圾中水分超过其持水能力，开始渗滤，同时由于大量微生物的活动，系统从有氧状态转化为无氧状态。

③酸性发酵阶段：此阶段碳氢化合物分解成有机酸，有机酸分解成低级脂肪酸，低级脂肪酸占主要地位，pH 随之下降。

④填埋气体产生：在酸化段中，由于产氨细菌的活动，使氨态氮浓度增高，氧化还原电位降低，pH 上升，为产甲烷菌的活动创造适宜的条件，甲烷菌将酸化段代谢产物分解成以甲烷和二氧化碳为主的填埋气体。

⑤稳定化：垃圾及渗滤液中有机物得到稳定，氧化还原电位上升，系统缓慢转为有氧状态。渗滤液污染物浓度随填埋场使用年限的增长而呈下降趋势。渗滤液的产量受多种因素的影响，如降雨量、蒸发量、地面流失、地下水渗入、垃圾的特性和地下层结构、表层覆土和下层排水设施设置情况等，其中降水量和蒸发量是影响渗滤液产量的重要因素。水质则随垃圾组分、当地气候、水文地质、填埋时间和填埋方式等因素的影响而显著变化。由于影响因素多，造成不同填埋场、不同填埋时期的渗滤液水质和水量的变化幅度很大。

3. 生活垃圾沉降

在垃圾填埋处理过程中，垃圾堆体的滑坡是一个值得重视的问题。因此，已完工的填埋场，在决定使用之前，必须研究其沉降特性。影响填埋场地沉降性能的因素有：①最初的压实程度；②垃圾的性质和降解情况；③压实的垃圾产生渗滤液和填埋气体后发生的固结作用；④作业终了的填埋高度对垃圾堆积和固结度的影响。

填埋场的均匀沉降问题不大，主要是不均匀沉降将产生一系列问题。例如，由于不均匀沉降造成的覆盖层断裂就可能在废物相变边界、填埋单元边缘和填埋场边界处出现。填埋场的总沉降量取决于废物种类、载荷和填埋技术因素，通常是废物填埋高度的 10% ~ 20%。如果需要进行有关工作，考虑到各地情况的差别很大，建议分别进行现场的荷载试验。

## 二、焚烧

### （一）焚烧的定义和目的

焚烧法是一种高温热处理技术，即以一定的过剩空气量与被处理的有机废物在焚烧炉内进行氧化燃烧反应，废物中的有害有毒物质在800 ~ 1200℃的高温下氧化、热解而被破坏，是一种可同时实现废物无害化、减量化、资源化的处理技术。

焚烧的目的是尽可能焚毁废物，使被焚烧的物质变为无害和最大限度地减容，并尽可能减少新的污染物质产生，避免造成二次污染。对于大、中型的废物焚烧厂，能同时实现使废物减量、彻底焚毁废物中的毒性物质，以及回收利用焚烧产生的废热这三个目的。目前在工业发达国家已被作为城市垃圾处理的主要方法之一，得到广泛应用。垃圾焚烧、回收能源，被认为是今后处理城市垃圾的重要发展方向。

焚烧法不但可以处理固体废物，还可以处理液体废物和气体废物；不但可以处理城市垃圾和一般工业废物，而且可以用于处理危险废物。危险废物中的有机固态、液态和气态废物，常常采用焚烧来处理。在焚烧处理城市生活垃圾时，也常常将垃圾焚烧处理前暂时储存过程中产生的渗滤液和臭气引入焚烧炉焚烧处理。

焚烧法适宜处理有机成分多、热值高的废物。当处理可燃有机物组分很少的废物时，须补加大量的燃料，这会使运行费用增高。但如果有条件辅以适当的废热回收装置，则可弥补上述缺点，降低废物焚烧成本，从而使焚烧法获得较好的经济效益。

### （二）焚烧设备及特点

1. 炉排炉

炉排炉是一种垃圾焚烧设备，炉排型焚烧炉形式多样，其应用占全世界垃圾焚烧市场总量的80%以上。该类炉型的最大优势在于技术成熟，运行稳定、可靠，适应性广，绝大部分固体垃圾不需要任何预处理可直接进炉燃烧。尤其应用于大规模垃圾集中处理，可使垃圾焚烧发电（或供热），但是不适用于处理含水量高的污泥。

2. 流化床焚烧炉

流化床焚烧炉为钢壳立式圆筒炉，内衬耐火砖和隔热砖，炉子底部设有带孔的气流分布板，分布板上铺着一定厚度的载体颗粒层（一般为硅沙）。板下面通入高压热空气吹起板上的载体，使悬浮在炉膛里呈沸腾状态。此时用螺旋加料器，将废渣投入，与沸腾的载体混合进行燃烧。烧尽的细灰随烟气排出，经除尘器捕集后排空。部分比载体重的炉渣落在分布板上，设法排除。当炉渣重量与载体相等时，也可作为载体用。

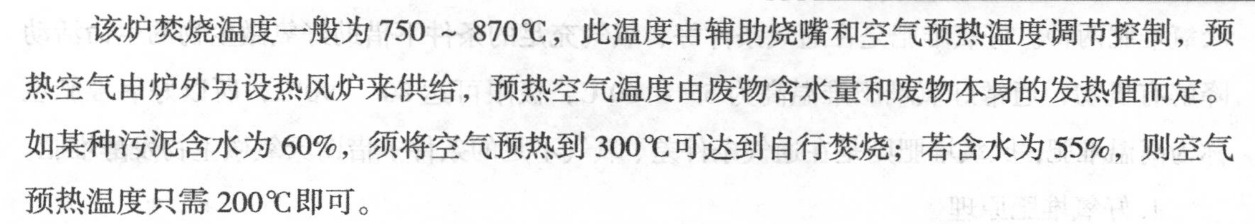

该炉焚烧温度一般为750～870℃，此温度由辅助烧嘴和空气预热温度调节控制，预热空气由炉外另设热风炉来供给，预热空气温度由废物含水量和废物本身的发热值而定。如某种污泥含水为60%，须将空气预热到300℃可达到自行焚烧；若含水为55%，则空气预热温度只需200℃即可。

3. 回转炉

回转炉炉体为一长的钢质圆筒，内衬以耐火材料，炉体支承在数对托轮上，并具有3%～6%的倾斜度。炉体通过齿轮由电动机带动缓慢旋转。物料由较高的尾端加入，由较低的炉头端卸出。炉头端喷入燃料（煤粉、重油或气体燃料），在炉内燃烧，烟气由较高一端排出（物料与烟气逆流）。

### （三）二次污染控制

1. 主要污染物

烟尘（颗粒物）、酸性气体（氯化氢、二氧化硫）、氮氧化物、重金属和二恶英等。

2. 具体措施

（1）采用石灰石—石膏法烟气脱硫。

（2）采用高效袋式除尘器实现烟气除尘。

（3）重金属去除、二恶英去除主要通过控制炉膛内的温度为800℃以上，并保证充足的停留时间。

（4）氮氧化物控制，主要应用低氮燃烧技术减少氮氧化物的形成量，采用SNCR或SCR等方法实现氮氧化物的末端治理。

## 三、堆肥

### （一）堆肥化定义

堆肥化就是在控制条件下，利用自然界广泛分布的细菌、放线菌、真菌等微生物，促进来源于生物的有机废物发生生物稳定作用，使可被生物降解的有机物转化为稳定的腐殖质的生物化学过程。堆肥化的产物称为堆肥（Compost），它是一种深褐色、质地疏松、有泥土气味的物质，类似腐殖质土壤，故也称为“腐殖土”，是一种具有一定肥效的土壤改良剂和调节剂。

### （二）堆肥原理

根据堆肥化过程中微生物对氧气不同的需求情况，可以把堆肥化方法分成好氧堆肥和厌氧堆肥两种。好氧堆肥是在通气条件好、氧气充足的条件下借助好氧微生物的生命活动降解有机物，通常好氧堆肥堆温高为 55 ~ 60℃，极限可达 80 ~ 90℃，所以好氧堆肥也称为高温堆肥；厌氧堆肥则是在通气条件差、氧气不足的条件下借助厌氧微生物发酵堆肥。

1. 好氧堆肥原理

好氧堆肥过程中，有机废物中的可溶性小分子有机物质透过微生物的细胞壁和细胞膜而为微生物吸收利用。不溶性大分子有机物则先附着在微生物的体外，由微生物所分泌的胞外酶分解为可溶性小分子物质，再输送入细胞内为微生物利用。通过微生物的生命活动——合成及分解过程，把一部分被吸收的有机物氧化成简单的无机物，并提供生命活动所需要的能量，把另一部分有机物转化合成新的细胞物质，使微生物增殖。好氧堆肥过程可大致分成以下三个阶段。

（1）中温阶段

这是指堆肥化过程的初期，堆层基本呈 15 ~ 45℃的中温，嗜温性微生物较为活跃并利用堆肥中可溶性有机物进行旺盛的生命活动。这些嗜温性微生物包括真菌、细菌和放线菌，主要以糖类和淀粉类为基质。真菌菌丝体能够延伸到堆肥原料的所有部分，并会出现中温真菌的子实体。同时螨、千足虫等将摄取有机废物。腐烂植物的纤维素将维持线虫和线蚁的生长，而更高一级的消费者中弹尾目昆虫以真菌为食，缨甲科昆虫以真菌孢子为食，线虫摄食细菌，原生动物以细菌为食。

（2）高温阶段

当堆温升至45℃以上时即进入高温阶段，在这一阶段，嗜温微生物受到抑制甚至死亡，取而代之的是嗜热微生物。堆肥中残留的和新形成的可溶性有机物质继续被氧化分解，堆肥中复杂的有机物如半纤维素、纤维素和蛋白质也开始被强烈分解，在高温阶段中，各种嗜热性的微生物的最适宜的温度也是不相同的，在温度的上升过程中，嗜热微生物的类群和种群是互相接替的。通常在 50℃左右最活跃的是嗜热性真菌和放线菌；当温度上升到 60℃时，真菌则几乎完全停止活动，仅为嗜热性放线菌和细菌的活动；温度升到 70℃以上 时，对大多数嗜热性微生物已不再适应，从而大批进入死亡和休眠状态。现代化堆肥生产的最佳温度一般为 55℃，这是因为大多数微生物在 45 ~ 80℃范围内最活跃，最易分解有机物，其中的病原菌和寄生虫大多数可被杀死。

（3）降温阶段

在内源呼吸后期，剩下部分较难分解的有机物和新形成的腐殖质。此时微生物的活性下降，发热量减少，温度下降，嗜温性微生物又占优势，对残余较难分解的有机物做进一步分解，腐殖质不断增多且稳定化，堆肥进入腐熟阶段，需氧量大大减少，含水率也降低。

2. 厌氧堆肥原理

厌氧堆肥是在缺氧条件下利用厌氧微生物进行的一种腐败发酵分解，其终产物除 $CO_2$ 和水外，还有氨、硫化氢、甲烷和其他有机酸等还原性终产物，其中氨、硫化氢及其他还原性终产物有令人讨厌的异臭，而且厌氧堆肥需要的时间也很长，完全腐熟往往需要几个月的时间。传统的农家堆肥就是厌氧堆肥。

厌氧堆肥过程主要分成以下两个阶段：

第一阶段是产酸阶段，产酸菌将大分子有机物降解为小分子的有机酸和乙醇、丙醇等物质，并提供部分能量因子 ATP。

第二阶段为产甲烷阶段。甲烷菌把有机酸继续分解为甲烷气体。

厌氧过程没有氧分子参加，酸化过程中产生的能量较少，许多能量保留在有机酸分子中，在甲烷菌作用下以甲烷气体的形式释放出来，厌氧堆肥的特点是反应步骤多，速度慢，周期长。

## （三）堆肥工艺的分类

1. 按微生物对氧的需求

（1）好氧堆肥

好氧堆肥是依靠专性和兼性好氧细菌的作用使有机物得以降解的生化过程。好氧堆肥具有对有机物分解速度快、降解彻底、堆肥周期短的特点。一般一次发酵在 4 ~ 12d，二次发酵在 10 ~ 30d 便可完成。由于好氧堆肥温度高，可以灭活病原体、虫卵和垃圾中的植物种子，使堆肥达到无害化。此外，好氧堆肥的环境条件好，不会产生难闻的臭气。

目前采用的堆肥工艺一般均为好氧堆肥。但由于好氧堆肥必须维持一定的氧浓度，因此运转费用较高。

（2）厌氧堆肥

厌氧堆肥是依赖专性和兼性厌氧细菌的作用降解有机物的过程。厌氧堆肥的特点是工艺简单。通过堆肥自然发酵分解有机物，不必由外界提供能量，因而运转费用低。若对于所产生的甲烷处理得当，还有加以利用的可能。但是，厌氧堆肥具有周期长（一般需 3 ~ 6 个月）、易产生恶臭、占地面积大等缺点，因此不适合大面积推广应用。

2. 按要求的温度范围

（1）中温堆肥

一般系指中温好氧堆肥，所需温度为 15℃ ~ 45℃。由于温度不高，不能有效地杀灭病原菌，因此目前中温堆肥较少采用。

（2）高温堆肥

好氧堆肥所产生的高温一般在50℃～65℃，极限可达80℃～90℃，能有效地杀灭病菌，且温度越高，令人讨厌的臭气产生就会减少，因此，高温堆肥已为各国公认，采用较多。高温堆肥最适宜的温度为55℃～60℃。

3. 按堆肥过程中物料运动形式

（1）静态堆肥

静态堆肥是把收集的新鲜有机废物一批一批地堆制。堆肥物一旦堆积以后，不再添加新的有机废物和翻倒，待其在微生物生化反应完成之后，成为腐殖土后运出。静态堆肥适合于中、小城市厨余垃圾、下水污泥的处理。

（2）动态（连续或间歇式）堆肥

动态堆肥采用连续或间歇进、出料的动态机械堆肥装置，具有堆肥周期短（3～7d），物料混合均匀，供氧均匀充足，机械化程度高，便于大规模机械化连续操作运行等特点。因此，动态堆肥适用于大中城市固体有机废物的处理。但是，动态堆肥要求高度机械化，并需要复杂的设计、施工技术和高度熟练的操作人员。并且，动态堆肥一次性投资和运转成本较高。目前，动态堆肥工艺在发达国家已得到普遍的应用。

4. 按堆肥堆制方式

（1）露天式堆肥

露天式堆肥即露天堆积，物料在开放的场地上堆成条垛或条堆进行发酵。通过自然通风、翻堆或强制通风方式，以供给有机物降解所需的氧气。这种堆肥所需设备简单，成本投资较低。其缺点是发酵周期长，占地面积大，受气候的影响大，有恶臭，易招致蚊蝇、老鼠的出现。这种堆肥仅宜在农村或偏远的郊区应用。

（2）装置式堆肥

装置式堆肥也称为封闭式堆肥或密闭型堆肥，是将堆肥物密闭在堆肥发酵设备中，如发酵塔、发酵筒、发酵仓等，通过风机强制通风，提供氧源，或不通风厌氧堆肥。装置式堆肥的机械化程度高，堆肥时间短，占地面积小，环境条件好，堆肥质量可控可调等。因此，适用于大规模工业化生产。

5. 按发酵历程

（1）一次发酵

好氧堆肥的中温与高温两个阶段的微生物代谢过程称为一次发酵或主发酵。它是指从发酵初期开始，经中温、高温然后到达温度开始下降的整个过程，一般需10～12d，以高温阶段持续时间较长。

（2）二次发酵

经过一次发酵后，堆肥物料中的大部分易降解的有机物质已经被微生物降解了，但还有一部分易降解和大量难降解的有机物存在，须将其送到后发酵仓进行二次发酵，也称后发酵，使其腐熟。在此阶段温度持续下降，当温度稳定在40℃左右时即达到腐熟，一般需20～30d。

## 四、热解

### （一）热解的定义及原理

热解法是利用垃圾中有机物的热不稳定性，在无氧或缺氧条件下对之进行加热蒸馏，使有机物产生热裂解，经冷凝后形成各种新的气体、液体和固体，从中提取燃料油、油脂和燃料气的过程。

热解法和焚烧法是两个完全不同的过程。首先，焚烧的产物主要是二氧化碳和水，而热解的产物主要是可燃的低分子化合物：气态的有氢气、甲烷、一氧化碳；液态的有甲醇、丙酮、醋酸、乙醛等有机物及焦油、溶剂油等；固态的主要是焦炭或炭黑。其次，焚烧是一个放热过程，而热解需要吸收大量热量。最后，焚烧产生的热能量大的可用于发电，量小的只可供加热水或产生蒸汽，适于就近利用，而热解的产物是燃料油及燃料气，便于储藏和远距离输送。

### （二）热解工艺

1. 按供热方式的分类

（1）直接加热法

供给被热解物的热量是被热解物（所处理的废物）部分直接燃烧或者向热解反应器提供补充燃料时所产生的热。由于燃烧须提供氧气，因而就会产生$CO_2$、$H_2O$等惰性气体混在热解可燃气中，稀释了可燃气，结果降低了热解产气的热值。如果采用空气做氧化剂，热解气体中不仅有$CO_2$、$H_2O$，而且含有大量的$N_2$，更稀释了可燃气，使热解气的热值大大降低。因此，采用的氧化剂是纯氧、富氧或空气，其热解可燃气的热质是不同的。

（2）间接加热法

被热解的物料下直接供热介质在热解反应器（或热解炉）中分离开来的一种方法。可利用干墙式导热或一种中间介质来做传热（热沙料或熔化的某种金属床层）。墙式导热方式由于热阻大，熔渣可能会出现包覆传热壁面或者腐蚀等问题，以及不能采用更高的热解温度等而受限；采用中间介质传热，虽然可能出现固体传热或物料下中间介质的分离等问题，但二者综合比较起来后者较墙式导热方式要好一些。

间接加热法的主要优点在于其产品的品位较高，如前所述的用同样美国的城市有机混合垃圾做物料，其产气热值可达 18630kJ/$m^3$（标准状态下），相当于用空气做氧化剂的直接加热法产气热值的 3 倍多，完全可当成燃气直接燃烧利用。但间接加热法每千克物料所产生的燃气量——产气率大大低于直接法。除流化床技术外，一般而言间接加热，其物料被加热的性能较直接加热差，从而增加了物料在反应器里的停留时间，即间接加热法的生产率是低于直接加热法的，间接加热法不可能采用高温热解方式，这可减轻对 NOx 产生的顾虑。

2. 按热解温度的分类

（1）高温热解

热解温度一般都在 1000℃以上，高温热解方案采用的加热方式几乎都是直接加热法，如果采用高温纯氧热解工艺，反应器中的氧化 – 熔渣区段的温度可高达 1500℃，从而将热解残留的惰性固体（金属盐类及其氧化物和氧化硅等）熔化，以液态渣形式排出反应器，清水淬冷后粒化。这样可大大减少固态残余物的处理困难，而且这种粒化的玻璃态渣可做建筑材料的骨料。

（2）中温热解

热解温度一般在 600℃ ~ 700℃之间，主要用在比较单一的物料做能源和资源回收的工艺上，如废轮胎、废塑料转换成类重油物质的工艺。所得到的类重油物质既可做能源，亦可做化工初级原料。

（3）低温热解

热解温度一般在 600℃以下。农业、林业和农业产品加工后的废物用来生产低硫低灰的炭就可采用这种方法，生产出的炭视其原料和加工的深度不同，可做不同等级的活性炭和水煤气原料。

# 第六章　水生态保护与修复技术

## 第一节　水生态保护与修复规划编制

### 一、规划的主要内容及技术路线

水生态保护与修复规划的主要任务是以维护流域生态系统良性循环为基本出发点，合理划分水生态分区，综合分析不同区域的水生态系统类型、敏感生态保护对象、主要生态功能类型及其空间分布特征，识别主要水生态问题，针对性提出生态保护与修复的总体布局和对策措施。

### 二、水生态保护与修复措施体系

在水生态状况评价基础上，根据生态保护对象和目标的生态学特征，对应水生态功能类型和保护需求分析，建立水生态修复与保护措施体系，主要包括生态需水保障、水环境保护、河湖生境维护、水生生物保护、生态监控与管理五大类措施，针对各大类措施又细分为 14 个分类，直至具体的工程、非工程措施。

#### （一）生态需水保障

生态需水保障是河湖生态保护与修复的核心内容，指在特定生态保护与修复目标之下，保障河湖水体范围内由地表径流或地下径流支撑的生态系统需水，包含对水质、水量及过程的需求。首先，应通过工程调度与监控管理等措施保障生态基流；其次，针对各类生态敏感区的敏感生态需水过程及生态水位要求，提出具体生态调度与生态补水措施。

#### （二）水环境保护

水环境保护主要是按照水功能区保护要求，分阶段合理控制污染物排放量，实现污水排浓度和污染物入河总量控制双达标。对于湖库，还要提出面源、内源及富营养化等控制措施。

### （三）河湖生境维护

河湖生境维护主要是维护河湖连通性与生境形态，以及对生境条件的调控。河湖连通性，主要考虑河湖纵向、横向、垂向连通性以及河道蜿蜒形态。生境形态维护主要包括天然生境维护、生境再造、“三场”保护以及海岸带保护与修复等。生境条件调控主要指控制低温水下泄、控制过饱和气体以及水沙调控。

### （四）水生生物保护

水生生物保护包括对水生生物基因、种群以及生态系统的平衡及演进的保护等。水生生物保护与修复要以保护水生生物多样性和水域生态的完整性为目标，对水生生物资源和水域生态的完整性进行整体性保护。

### （五）生态监控与管理

生态监控与管理主要包括相关的监测、生态补偿与各类综合管理措施，是实施水生态事前保护、落实规划实施、检验各类措施效果的重要手段。要注重非工程措施在水生态保护与修复工作的作用，在法律法规、管理制度、技术标准、政策措施、资金投入、科技创新、宣传教育及公众参与等方面加强建设和管理，建立长效机制。

## 三、生态修复与重建常用的方法

生态修复与重建既要对退化生态系统的非生物因子进行修复重建，又要对生物因子进行修复重建，因此，修复与重建途径和手段既包括采用物理、化学工程与技术，又包括采用生物、生态工程与技术。

### （一）物理法

物理方法可以快速有效地消除胁迫压力、改善某些生态因子，为关键生物种群的恢复重建提供有利条件。例如，对于退化水体生态系统的修复，可以通过调整水流改变水动力学条件，通过曝气改善水体溶解氧及其他物质的含量等，为鱼类等重要生物种群的恢复创造条件。

### （二）化学法

通过添加一些化学物质，改善土壤、水体等基质的性质，使其适合生物的生长，进而达到生态系统修复重建的目的。例如，向污染的水体、土壤中添加络合/螯合剂，络合/

螯合有毒有害的物质，尤其对于难降解的重金属类的污染物，一般可采用络合剂，络合污染物形成稳态物质，使污染物难以对生物产生毒害作用。

### （三）生物法

人类活动引起的环境变化会对生物产生影响甚至破坏作用，同时，生物在生长发育过程中通过物质循环等对环境也有重要作用，生物群落的形成、演替过程又在更高层面上改变并形成特定的群落环境。因此，可以利用生物的生命代谢活动减少环境中的有毒、有害物的浓度或使其无害化，从而使环境部分或完全恢复到正常状态。微生物在分解污染物中的作用已经被广泛认识和应用，已经有各种微生物制剂、复合菌制剂等广泛用于被污染的退化水体和土壤的生态修复。植物在生态修复重建中的作用也已经引起重视，植物不仅可以吸收利用污染物，还可以改变生态环境，为其他生物的恢复创造条件。动物在生态修复重建中的作用也不可忽视，它们在生态系统构建、食物链结构的完善和维护生态平衡方面均有十分重要的作用。

### （四）综合法

生态破坏对生态系统的影响往往是多方面的，既有对生物因子的破坏，又有对非生物因子的破坏，因此，生态修复需要采取物理法、化学法和生物法等多种方法的综合措施。例如，对退化土壤实施生态修复，应在诊断土壤退化主要原因的基础上，对土壤物理特性、土壤化学组成及生物组成进行分析，确定退化原因及特点，根据退化状况，采取物理化学及生物学等综合方法。对于严重退化的土壤，如盐碱化严重或污染严重的土壤，可以采取耕翻土层、深层填埋、添加调节物质（如用石灰、固化剂、氧化剂等）和淋洗等物理化学方法。在土壤污染胁迫的主要因子得以控制和改善后，再采取微生物、植物等生物学方法进一步改善土壤环境质量，修复退化的土壤生态系统。

# 第二节 生物多样性保护技术

## 一、生物多样性丧失的原因

物种灭绝给人类造成的损失是不可弥补的。物种灭绝与自然因素有关，更与人类的行为有关。

### （一）栖息地的破坏和生境片段化

由于工农业的发展，围湖造田、森林破坏、城市扩大、水利工程建设、环境污染等的影响，生物的栖息地急剧减少，导致许多生物的濒危和灭绝。森林是世界上生物多样性最丰富的生物栖聚场所。仅拉丁美洲的亚马孙河的热带雨林就聚集了地球生物总量的 1/5。公元前 700 年，地球约有 2/3 的表面为森林所覆盖，而目前世界森林覆盖率不到 1/3，热带雨林的减少尤为严重。由于生境破坏而导致的生境片段化形成的生境岛屿对生物多样性减少的影响更大，这种影响间接导致生物的灭绝。比如森林的不合理砍伐，导致森林的不连续性斑块状分布，即所谓的生境岛屿，一方面，使残留的森林的边缘效应扩大，原有的生境条件变得恶劣；另一方面，改变了生物之间的生态关系，如生物被捕食、被寄生的概率增大。这两方面都间接地加速了物种的灭绝。由于人们采集过度，不少名贵的药用植物如人参、杜仲、石斛、黄芷和天麻等已经濒临绝迹。

近年来，大西洋两岸几千只海豹由于 DDT、多氯联苯等杀虫剂中毒致死。人类向大气排放的大量污染物质，如氮氧化物、硫氧化物、碳氧化物、碳氢化合物等，还有各种粉尘、悬浮颗粒，使许多动植物的生存环境受到影响。大剂量的大气污染会使动物很快中毒死亡。水污染加剧水体的富营养化，使得鱼类的生存受到威胁。土壤污染也是影响生物多样性的重要因素之一。

### （二）资源的不合理利用

农、林、牧、渔及其他领域的不合理的开发活动直接或间接地导致了生物多样性的减少。自 20 世纪 50 年代，“绿色革命”中出现产量或品质方面独具优势的品种，被迅速推广传播，很快排挤了本地品种。这种遗传多样性丧失造成农业生产系统抵抗力下降，而且随着作物种类的减少，当地固氮菌、捕食者、传粉者、种子传播者以及其他一些传统农业系统中通过几世纪共同进化的物种消失了。在林区，快速和全面地转向单优势种群的经济作物，正演绎着同样的故事。在经济利益的驱动下，水域中的过度捕捞，牧区的超载放牧，对生物物种的过度捕猎和采集等掠夺式利用方式，使生物物种难以正常繁衍。

### （三）生物入侵

人类有意或无意地引入一些外来物种，破坏景观的自然性和完整性，物种之间缺乏相互制约，导致一些物种的灭绝，影响遗传多样性，使农业、林业、渔业或其他方面的经济遭受损失。在全世界濒危植物名录中，有 35% ~ 46% 物种的濒危是部分或完全由外来物种入侵引起的。如澳大利亚袋狼灭绝的原因除了人为捕杀外，还有家犬的引入，家犬引入后产生野犬，种间竞争导致袋狼数量下降。

#### （四）环境污染

环境污染对生物多样性的影响除了使生物的栖息环境恶化，还直接威胁着生物的正常生长发育。农药、重金属等在食物链中的逐级浓缩、传递严重危害着食物链上端的生物。

## 二、保护生物多样性

保护生物多样性必须在遗传、物种和生态系统三个层次上都保护。保护的内容主要包括：一是对那些面临灭绝的珍稀濒危物种和生态系统的绝对保护，二是对数量较大的可以开发的资源进行可持续的合理利用。

保护生物多样性，主要可以从以下几个方面入手：

#### （一）就地保护

就地保护主要是就地设立自然保护区、国家公园、自然历史纪念地等，将有价值的自然生态系统和野生生物环境保护起来，以维持和恢复物种群体所必需的生存、繁衍与进化的环境，限制或禁止捕猎和采集，控制人类的其他干扰活动。

#### （二）迁地保护

迁地保护就是通过人为努力，把野生生物物种的部分种群迁移到适当的地方加以人工管理和繁殖，使其种群能不断有所扩大。迁地保护适合受到高度威胁的动植物物种的紧急拯救，如利用植物园、动物园、迁地保护基地和繁育中心等对珍稀濒危动植物进行保护。由于我国在珍稀动物的保存和繁育技术方面不断取得进展，许多珍稀濒危动物可以在动物园进行繁殖，如大熊猫、东北虎、华南虎、雪豹、黑颈鹤、丹顶鹤、金丝猴、扬子鳄、扭角羚、黑叶猴等。

#### （三）离体保护

在就地保护及迁地保护都无法实施保护的情况下，生物多样性的离体保护应运而生。通过建立种子库、精子库、基因库，对生物多样性中的物种和遗传物质进行离体保护。

#### （四）放归野外

我国对养殖繁育成功的濒危野生动物，逐步放归自然进行野化，例如，麋鹿、东北虎、野马的放归野化工作已开始，并取得一定成效。

保护生物多样性是我们每一个公民的责任和义务。善待众生首先要树立良好的行为规范，不参与乱捕滥杀、乱砍滥伐的活动，拒吃野味，还要广泛宣传保护物种的重要性，坚决同破坏物种资源的现象做斗争。

此外，健全法律法规、防治污染、加强环境保护宣传教育和加大科学研究力度等也是保护生物多样性的重要途径。

在保护生物多样性的工作中，采用科学研究途径，探索现存野生生物资源的分布、栖息地、种群数量、繁殖状况、濒危原因，研究和分析开发利用现状、已采取的保护措施、存在的问题等，一般采取以下研究途径。

①分析生物多样性现状。

②对特殊生物资源进行研究。

③研究生物多样性保护与开发利用关系。

④实行生物种质资源的就地保护。

⑤实行生物种质资源的迁地保护。

⑥建立种质资源基因库。

⑦研究环境污染对生物多样性的影响。

⑧建立自然保护区，加强生物多样性保护的策略研究，采用先进的科学技术手段，例如遥感、地理信息系统、全球定位系统等。

## 第三节 湖泊生态系统的修复

### 一、湖泊生态系统修复的生态调控措施

治理湖泊的方法有：物理方法，如机械过滤、疏浚底泥和引水稀释等；化学方法如杀藻剂杀藻等；生物方法如放养鱼等；物化法如木炭吸附藻毒素等。各类方法的主要目的是降低湖泊内的营养负荷，控制过量藻类的生长。

#### （一）物理、化学措施

在控制湖泊营养负荷实践中，研究者已经发明了许多方法来降低内部磷负荷，例如通过水体的有效循环，不断干扰温跃层，该不稳定性可加快水体与DO（溶解氧）、溶解物等的混合，有利于水质的修复。削减浅水湖的沉积物，采用铝盐及铁盐离子对分层湖泊沉

积物进行化学处理，向深水湖底层充入氧或氮。

### （二）水流调控措施

湖泊具有水“平衡”现象，它影响着湖泊的营养供给、水体滞留时间及由此产生的湖泊生产力和水质。若水体滞留时间很短，如在10d以内，藻类生物量不可能积累。水体滞留时间适当时，既能大量提供植物生长所需营养物，又有足够时间供藻类吸收营养促进其生长和积累。如有足够的营养物和100d以上到几年的水体滞留时间，可为藻类生物量的积累提供足够的条件。因此，营养物输入与水体滞留时间对藻类生产的共同影响，成为预测湖泊状况变化的基础。

为控制浮游植物的增加，使水体内浮游植物的损失超过其生长，除对水体滞留时间进行控制或换水外，增加水体冲刷以及其他不稳定因素也能实现这一目的。由于在夏季浮游植物生长不超过3 ~ 5d，因此，这种方法在夏季不宜采用。但是，在冬季浮游植物生长慢的时候，冲刷等流速控制方法可能是一种更实用的修复措施，尤其对于冬季藻青菌的浓度相对较高的湖泊十分有效。冬季冲刷之后，藻类数量大量减少，次年早春湖泊中大型植物就可成为优势种属。这一措施已经在荷兰一些湖泊生态系统修复中得到广泛应用，且取得了较好的效果。

### （三）水位调控措施

水位调控已经被作为一类广泛应用的湖泊生态系统修复措施。这种方法能够促进鱼类活动，改善水鸟的生境，改善水质，但由于娱乐、自然保护或农业等因素，有时对湖泊进行水位调节或换水不太现实。

由于自然和人为因素引起的水位变化，会涉及多种因素，如湖水浑浊度、水位变化程度、波浪的影响（与风速、沉积物类型和湖的大小有关）和植物类型等，这些因素的综合作用往往难以预测。一些理论研究和经验数据表明水深和沉水植物的生长存在一定关系。即，如果水过深，植物生长会受到光线限制；如果水过浅，频繁的再悬浮和较差的底层条件，会使得沉积物稳定性下降。

通过影响鱼类的聚集，水位调控也会对湖水产生间接的影响。在一些水库中，有人发现改变水位可以减少食草鱼类的聚集，进而改善水质。而且，短期的水位下降可以促进鱼类活动，减少食草鱼类和底栖鱼类数量，增加食肉性鱼类的生物量和种群大小。这可能是因为低水位生境使受精鱼卵干涸而无法孵化，或者增加了被捕食的危险。

此外，水位调控还可以控制损害性植物的生长，为营养丰富的浑浊湖泊向清水状态转变创造有利条件。浮游动物对浮游植物的取食量由于水位下降而增加，改善了水体透明度，为沉水植物生长提供了良好的条件。这种现象常常发生在富含营养底泥的重建性湖泊中。该类湖泊营养物浓度虽然很高，但由于含有大量的大型沉水植物，在修复后一年之内很清澈，然而几年过后，便会重新回到浑浊状态，同时伴随着食草性鱼类的迁徙进入。

### （四）大型水生植物的保护和移植

因为水生植物处于初级生产者的地位，二者相互竞争营养、光照和生长空间等生态资源，所以水生植物的生长及修复对于富营养化水体的生态修复具有极其重要的地位和作用。

围栏结构可以保护大型植物免遭水鸟的取食，这种方法也可以作为鱼类管理的一种替代或补充方法。围栏能提供一个不被取食的环境，大型植物可在其中自由生长和繁衍。另外，植物或种子的移植也是一种可选的方法。

### （五）生物操纵与鱼类管理

生物操纵即通过去除浮游生物捕食者或添加食鱼动物降低以浮游生物为食鱼类的数量，使浮游动物的体形增大，生物量增加，从而提高浮游动物对浮游植物的摄食效率，降低浮游植物的数量。生物操纵可以通过许多不同的方式来克服生物的限制，进而加强对浮游植物的控制，利用底栖食草性鱼类减少沉积物再悬浮和内部营养负荷。

需要注意的是，在富营养化湖中，鱼类数目减少通常会引发一连串的短期效应。浮游植物生物量的减少改善了透明度。小型浮游动物遭鱼类频繁捕食，使叶绿素 a 与 TP 总磷含量的比率常常很高，鱼类管理导致营养水平降低。

在浅的分层富营养化湖泊中进行的实验中，总磷浓度下降 30% ~ 50%，水底微型藻类的生长通过改善沉积物表面的光照条件，刺激了无机氮和磷的混合。由于捕食率高（特别是在深水湖中），水底藻类、浮游植物不会沉积太多，低捕食压力下更多的水底动物最终会导致沉积物表面更高的氧化还原作用，这就减少了磷的释放，进一步加快了硝化 - 脱氮作用。此外，底层无脊椎动物和藻类可以稳定沉积物，因此减少了沉积物再悬浮的概率。更低的鱼类密度减轻了鱼类对营养物浓度的影响。而且，营养物随着鱼类的运动而移动，随着鱼类而移动的磷含量超过了一些湖泊的平均含量，相当于 20% ~ 30% 的平均外部磷负荷，这相比于富营养湖泊中的内部负荷还是很低的。

### （六）适当控制大型沉水植物的生长

虽然大型沉水植物的重建是许多湖泊生态系统修复工程的目标，但密集植物床在营养化湖泊中出现时也有危害性，如降低垂钓等娱乐价值，妨碍船的航行等。此外，生态系统的组成会由于入侵物种的过度生长而发生改变，如欧亚孤尾藻在美国和非洲的许多湖泊中已对本地植物构成严重威胁。对付这些危害性植物的方法包括特定食草昆虫如象鼻虫和食草鲤科鱼类的引入、每年收割、沉积物覆盖、下调水位或用农药进行处理等。

通常，收割和水位下降只能起短期的作用，因为这些植物群落的生长很快而且外部负荷高。引入食草鲤科鱼类的作用很明显，因此，目前世界上此方法应用最广泛，但该类鱼过度取食又可能使湖泊由清澈转为浑浊状态。另外，鲤鱼不好捕捉，这种方法也应该谨慎采用。实际应用过程中很难达到大型沉水植物的理想密度以促进群落的多样性。

大型植物蔓延的湖泊中，经常通过挖泥机或收割的方式来实现其数量的削减。这可以提高湖泊的娱乐价值，提高生物多样性，并对肉食性鱼类有好处。

### （七）蚌类与湖泊的修复

蚌类是湖泊中有效的滤食者。有时大型蚌类能够在短期内将整个湖泊的水过滤一次。但在浑浊的湖泊很难见到它们的身影，这可能是由于它们在幼体阶段即被捕食。这些物种的再引入对湖泊生态系统修复来说切实有效，但到目前为止没有得到重视。

19 世纪时，斑马蚌进入欧洲，当其数量足够大时会对水的透明度产生重要影响，已有实验表明其重要作用。基质条件的改善可以提高蚌类的生长速度。蚌类在改善水质的同时也增加了水鸟的食物来源，但也不排除产生问题的可能。如在北美，蚌类由于缺乏天敌而迅速繁殖，已经达到很大的密度，大量的繁殖导致了五大湖近岸带叶绿素 a 与 TP 的比率大幅度下降，加之恶臭水输入水库，从而让整个湖泊生态系统产生难以控制的影响。

## 二、陆地湖泊生态修复的方法

湖泊生态修复的方法，总体而言可以分为外源性营养物种的控制措施和内源性营养物质的控制措施两大部分。

### （一）外源性方法

1. 截断外来污染物的排入

由于湖泊污染、富营养化基本上来自外来物质的输入。因此，要采取如下几个方面进行截污。首先，对湖泊进行生态修复的重要环节是实现流域内废、污水的集中处理，使之达标排放，从根本上截断湖泊污染物的输入。其次，对湖区来水区域进行生态保护，尤其是植被覆盖率低的地区，要加强植树种草，扩大植被覆盖率，目的是对湖泊产水区的污染物削减净化，从而减少来水污染负荷。因为，相对于较容易实现截断控制的点源污染，面源污染量大，分布广，尤其主要分布在农村地区或山区，控制难度较大。最后，应加强监管，严格控制湖滨带度假村、餐饮的数量与规模，并监管其废、污水的排放。对游客产生的垃圾，要及时处理，尤其要采取措施防治隐蔽处的垃圾产生。规范渔业养殖及捕捞，退耕还湖，保护周边生态环境。

2. 恢复和重建湖滨带湿地生态系统

湖滨带湿地是水陆生态系统间的一个过渡和缓冲地带，具有保持生物多样性、调节相邻生态系统稳定、净化水体、减少污染等功能。建立湖滨带湿地，恢复和重建湖滨水生植物，可利用其截留、沉淀、吸附和吸收作用，净化水质，控制污染物。同时，能够营造人水和谐的亲水空间，也为两栖水生动物修复其生长空间及环境。

## （二）内源性方法

1. 物理法

（1）引水稀释

通过引用清洁外源水，对湖水进行稀释和冲刷。这一措施可以有效降低湖内污染物的浓度，提高水体的自净能力。这种方法只适用于可用水资源丰富的地区。

（2）底泥疏浚

多年的自然沉积，湖泊的底部积聚了大量的淤泥。这些淤泥富含营养物质及其他污染物质，如重金属能为水生生物生长提供营养物质来源，而底泥污染物释放会加速湖泊的富营养化进程，甚至引起水华的发生。因此，疏浚底泥是一种减少湖泊内营养物质来源的方法。但施工中必须注意防止底泥的泛起，对移出的底泥也要进行合理的处理，避免二次污染的发生。

（3）底泥覆盖

底泥覆盖的目的与底泥疏浚相同，在于减少底泥中的营养盐对湖泊的影响，但这一方法不是将底泥完全挖出，而是在底泥层的表面铺设一层渗透性小的物质，如生物膜或卵石，可以有效减少水流扰动引起底泥翻滚的现象，抑制底泥营养盐的释放，提高湖水清澈度，促进沉水植物的生长。但需要注意的是，铺设透水性太差的材料，会严重影响湖泊固有的生态环境。

（4）其他一些物理方法

除了以上三种较成熟、简便的措施外，还有其他一些新技术投入应用，如水力调度技术、气体抽提技术和空气吹脱技术。水力调度技术是根据生物体的生态水力特性，人为营造出特定的水流环境和水生生物所需的环境，来抑制藻类大量繁殖。气体抽取技术是利用真空泵和井，将受污染区的有机物蒸气或转变为气相的污染物，从湖中抽取，收集处理。

空气吹脱技术是将压缩空气注入受污染区域，将污染物从附着物上去除。结合提取技术可以取得较好效果。

2. 化学方法

化学方法就是针对湖泊中的污染特征，投放相应的化学药剂，应用化学反应除去污染物质而净化水质的方法。常用的化学方法有：对于磷元素超标，可以通过投放硫酸铝（$Al_2(SO_4)_3 \cdot 18H_2O$），去除磷元素；针对湖水酸化，通过投放石灰来进行处理；对于重金属元素，常常投放石灰和硫化钠等；投放氧化剂来将有机物转化为无毒或者毒性较小的化合物，常用的有二氧化氯、次氯酸钠或者次氯酸钙、过氧化氢、高锰酸钾和臭氧。但需要注意的是化学方法处理虽然操作简单，但费用较高，而且往往容易造成二次污染。

3. 生物方法

生物方法也称生物强化法，主要是依靠湖水中的生物，增强湖水的自净能力，从而达到恢复整个生态系统的方法。

（1）深水曝气技术

当湖泊出现富营养化现象时，往往是水体溶解氧大幅降低，底层甚至出现厌氧状态。深水曝气便是通过机械方法将深层水抽取上来，进行曝气，之后回灌，或者注入纯氧和空气，使得水中的溶解氧增加，改善厌氧环境为好氧环境，使藻类数量减少，水华程度明显减轻。

（2）水生植物修复

水生植物是湖泊中主要的初级生产者之一，往往是决定湖泊生态系统稳定的关键因素。水生植物生长过程中能将水体中的富营养化物质如氮、磷元素吸收、固定，既满足生长需要，又能净化水体。但修复湖泊水生植物是一项复杂的系统工程，需要考虑整个湖泊现有水质、水温等因素，确定适宜的植物种类，采用适当的技术方法，逐步进行恢复。具体的技术方法有：第一，人工湿地技术。通过人工设计建造湿地系统，适时适量收割植物，将营养物质移出湖泊系统，从而达到修复整个生态系统的目的。第二，生态浮床技术。采用无土栽培技术，以高分子材料为载体和基质（如发泡聚苯乙烯），综合集成的水面无土种植植物技术，既可种植经济作物，又能利用废弃塑料，同时不受光照等条件限制，应用效果明显。这一技术与人工湿地的最大优势就在于不占用土地。第三，前置库技术。前置库是位于受保护的湖泊水体上游支流的天然或人工库（塘）。前置库不仅可以拦截暴雨径流，还具有吸收、拦截部分污染物质、富营养物质的功能。在前置库中种植合适的水生植物能有效地达到这一目标。这一技术与人工湿地类似，但位置更靠前，处于湖泊水体主体之外。对水生植物修复方法而言，能较为有效地恢复水质，而且投入较低，实施方便，但由于水生植物有一定的生命周期，应该及时予以收割处理，减少因自然凋零腐烂而引起的二次污染。同时选择植物种类时也要充分考虑湖泊自身生态系统中的品种，避免因引入物质不当而引起的入侵。

（3）水生动物修复

主要利用湖泊生态系统中食物链关系，通过调节水体中生物群落结构的方法来控制水质。主要是调整鱼群结构，针对不同的湖泊水质问题类型，在湖泊中投放、发展某种鱼类，抑制或消除另外一些鱼类，使整个食物网适合于鱼类自身对藻类的捕食和消耗，从而改善湖泊环境。比如通过投放肉食性鱼类来控制浮游生物食性鱼类或底栖生物食性鱼类，从而控制浮游植物的大量生长；投放植食（滤食）性鱼类，影响浮游植物，控制藻类过度生长。水生动物修复方法成本低廉，无二次污染，同时可以收获水产品，在较小的湖泊生态系统中应用效果较好。但对大型湖泊，由于其食物链、食物网关系复杂，需要考虑的因素较多，应用难度相应增加，同时也需要考虑生物入侵问题。

（4）生物膜技术

这一技术指根据天然河床上附着生物膜的过滤和净化作用，应用表面积较大的天然材料或人工介质为载体，利用其表面形成的黏液状生态膜，对污染水体进行净化。由于载体上富集了大量的微生物，能有效拦截、吸附、降解污染物质。

## 三、城市湖泊的生态修复方法

北方湖泊要进行生态修复，首先，要进行城市湖泊生态面积的计算及最适生态需水量的计算；其次，进行最适面积的城市湖泊建设，每年保证最适生态需水量的供给，采用与南方城市湖泊同样的生态修复方法。南、北城市湖泊相同的生态修复方法如下：

### （一）清淤疏浚与曝气相结合

造成现代城市湖泊富营养化的主要原因是氮、磷等元素的过量排放，其中氮元素在水体中可以被重新吸收进行再循环，而磷元素却只能沉积于湖泊的底泥中。因此，单纯的截污和净化水质是不够的，要进行清淤疏浚。

### （二）种植水生生物

在疏浚区的岸边种植挺水植物和浮叶植物，在游船活动的区域种植不同种类的沉水植物。根据水位的变化及水深情况，选择乡土植物形成湿生－水生植物群落带。所选野生植物包括黄菖蒲、水葱、萱草、荷花、睡莲、野菱等。植物生长能促进悬浮物的沉降，增加水体的透明度，吸收水和底泥中的营养物质，改善水质，增加生物多样性，并有良好的景观效果。

### （三）放养滤食性的鱼类和底栖生物

放养鲢鱼、鳙鱼等滤食性鱼类和水蚯蚓、羽苔虫、田螺、圆蚌、湖蚌等底栖动物，依靠这些动物的过滤作用，减轻悬浮物的污染，增加水体的透明度。

### （四）彻底切断外源污染

外源污染指来自湖泊以外区域的污染，包括城市各种工业污染、生活污染、家禽养殖场及家畜养殖厂的污染。要做到彻底切断外源污染，一要关闭以前所有通往湖泊的排污口；二要运转原有污水污染物处理厂；三要增建新的处理厂、进行合理布局，保证所有处理厂的处理量等于甚至略大于城市的污染产生量，保证每个处理厂正常运转，并达标排放。污水污染物处理厂，包括工业污染处理厂、生活污染处理厂及生活污水处理厂。工业污染物要在工业污染处理厂进行处理。生活固态污染物要在生活污染处理厂进行处理。生活污水、家禽养殖场及家畜养殖场的污、废水引入生活污水处理厂进行处理。

### （五）进行水道改造工程

有些城市湖泊为死水湖，容易滞水而形成污染，要进行湖泊的水道连通工程，让死水湖变为活水湖，保持水分的流动性，消除污水的滞留以达到稀释、扩散从而得以净化。

### （六）实施城市雨污分流工程及雨水调蓄工程

城市雨污分流工程主要是将城市降水与生活污水分开。雨水调蓄工程是在城市建地下初降雨水调蓄池，贮藏初降雨水。初降雨水，既带来了大气中的污染物，又带来了地表面的污染物，是非点源污染的携带者，不经处理，长期积累，将造成湖泊的泥沙沉积及污染。建初降雨水调蓄池，在降雨初期暂存高污染的初降雨水，然后在降雨后引入污水处理厂进行处理，这样可以防止初降雨水带来的非点源污染对湖泊的影响。实施城市雨污分流工程，把城市雨水与生活污水分离开，将后期基本无污染的降水直接排入天然水体，从而减轻污水处理厂的负担。

### （七）加强城市绿化带的建设

城市绿化带美化城市景观的作用不仅表现在吸收二氧化碳，制造氧气，防风防沙，保持水土，减缓城市“热岛”效应，调节气候，还有其他很重要的生态修复作用如滞尘、截尘、吸尘作用和吸污、降污作用。加强城市绿化带的建设，包括河滨绿化带、道路绿化带、湖泊外缘绿化带等的建设。在城市绿化带的建设中，建议种植乡土种植物，种类越多样越好，这样不容易出现生物入侵现象，互补性强，自组织性强，自我调节力高，稳定性高，容易达到生态平衡。

#### （八）打捞悬浮物

设置打捞船只，及时进行树叶、纸张等杂物的清理，保持水面干净。

## 第四节 河流生态系统的修复

### 一、自然净化修复

自然净化是河流的一个重要特征，指河流受到污染后能在一定程度上通过自然净化使河流恢复到受污染以前的状态。污染物进入河流后，在水流中有机物经微生物氧化降解，逐渐被分解，最后变为无机物，并进一步被分解、还原，离开水相，使水质得到恢复，这是水体的自净作用。水体自净作用包括物理、化学及生物学过程，通过改善河流水动力条件、提高水体中有益菌的数量等，有效提高水体的自净作用。

### 二、植被修复

恢复重建河流岸边带湿地植物及河道内的多种生态类型的水生高等植物，可以有效提高河岸抗冲刷强度、河床稳定性，也可以截留陆源的泥沙及污染物，还可以为其他水生生物提供栖息、觅食、繁育场所，改善河流的景观功能。

在水工、水利安全许可的前提下，尽可能地改造人工砌护岸、恢复自然护坡，恢复重建河流岸边带湿地植物，因地制宜地引种、栽培多种类型的水生高等植物。在不影响河流通航、泄洪排涝的前提下，在河道内也可引种沉水植物等，以改善水环境质量。

### 三、生态补水

河流生态系统中的动物、植物及微生物组成都是长期适应特定水流、水位等特征而形成的特定的群落结构。为了保持河流生态系统的稳定，应根据河流生态系统主要种群的需要，调节河流水位、水量等，以满足水生高等植物的生长、繁殖。例如，在洪涝年份，应根据水生高等植物的耐受性，及时采取措施，降低水位，避免水位过高对水生高等植物的压力；在干旱年份，水位太低，河床干枯，为了保证水生高等植物正常生长繁殖，必须适当提高水位，满足水生高等植物的需要。

### 四、生物－生态修复技术

生物－生态修复技术是通过微生物的接种或培养，实现水中污染物的迁移、转化和降解，从而改善水环境质量；同时，引种各种植物、动物等，调整水生生态系统结构，强化生态系统的功能，进一步消除污染，维持优良的水环境质量和生态系统的平衡。

从本质上说，生物－生态修复技术是对自然恢复能力和自净能力的一种强化。生物－生态修复技术必须因地制宜，根据水体污染特性、水体物理结构及生态结构特点等，将生物技术、生态技术合理组合。

常用的技术包括生物膜技术、固定化微生物技术、高效复合菌技术、植物床技术和人工湿地技术等。

生物－生态技术的组合对河流的生态修复，从消除污染着手，不断改善生境，为生态修复重建奠定基础，而生态系统的构建，又为稳定和维持环境质量提供保障。

### 五、生物群落重建技术

生物群落重建技术是利用生态学原理和水生生物的基础生物学特性，通过引种、保护和生物操纵等技术措施，系统地重建水生生物多样性。

## 第五节 地下水的生态修复

### 一、传统修复技术

采用传统修复技术处理受到污染的地下水层时，用水泵将地下水抽取出来，在地面进行处理、净化。这样，一方面取出来的地下水可以在地面得到合适的处理、净化，然后再重新注入地下水或者排放进入地表水体，从而减少了地下水和土壤的污染程度；另一方面可以防止受污染的地下水向周围迁移，减少污染扩散。

### 二、原位化学反应技术

微生物生长繁殖过程存在必需营养物，通过深井向地下水层中添加微生物生长过程必需的营养物和具有高氧化还原电位的化合物，改变地下水体的营养状况和氧化还原状态，依靠土著微生物的作用促进地下水中污染物分解和氧化。

## 三、生物修复技术

原位自然生物修复，是利用土壤和地下水原有的微生物，在自然条件下对污染区域进行自然修复。但是，自然生物修复也并不是不采取任何行动措施，同样需要制订详细的计划方案，鉴定现场活性微生物，监测污染物降解速率和污染带的迁移等。原位工程生物修复指采取工程措施，有目的地操作土壤和地下水中的生物过程，加快环境修复。在原位工程生物修复技术中，一种途径是提供微生物生长所需要的营养，改善微生物生长的环境条件，从而大幅度提高野生微生物的数量和活性，提高其降解污染物的能力，这种途径称为生物强化修复；另一种途径是投加实验室培养的对污染物具有特殊亲和性的微生物，使其能够降解土壤和地下水中的污染物，称为生物接种修复。地面生物处理是将受污染的土壤挖掘出来，在地面建造的处理设施内进行生物处理，主要有泥浆生物反应器和地面堆肥等。

## 四、生物反应器法

生物反应器法是把抽提地下水系统和回注系统结合并加以改进的方法，就是将地下水抽提到地上，用生物反应器加以处理的过程。这种处理方法自然形成一个闭路环，包括以下四个步骤：

一是将污染地下水抽提至地面。

二是在地面生物反应器内对污染的地下水进行好氧降解，并不断向生物反应器内补充营养物和氧气。

三是处理后的地下水通过渗灌系统回灌到土壤内。

四是在回灌过程中加入营养物和已驯化的微生物，并注入氧气，使生物降解过程在土壤及地下水层内加速进行。

## 五、生物注射法

生物注射法是对传统气提技术加以改进而形成的新技术。生物注射法主要是在污染地下水的下部加压注入空气，气流能加速地下水和土壤中有机物的挥发和降解。生物注射法主要是通气、抽提联用，并通过增加及延长停留时间促进生物代谢进行降解，提高修复效率。

生物注射法存在着一定的局限性，该方法只能用于土壤气提技术可行的场所，效果受岩相学和土层学的制约，如果用于处理黏土方面，效果也不是很理想。

# 第七章 湿地生态修复

## 第一节 湿地修复目标

湿地修复目标设定应针对湿地退化的具体原因、退化程度及发展趋势。恢复目标必须具有明确的针对性、可行性和可操作性。根据不同地域条件，不同经济社会状况、文化背景的要求，湿地修复目标也会不同。修复目标的确立还必须考虑空间尺度，如流域尺度、景观尺度等。本指南的湿地修复目标主要包括以下四个方面：

### 一、生物物种保育与恢复

湿地是生命的摇篮，是生物物种（尤其是湿地生物）的重要栖息地。湿地修复是保护湿地生物物种资源最直接、有效的途径。湿地修复目标很多时候都是针对珍稀濒危特有生物物种及关键种，实施就地保护及其生境恢复。生物物种保育与恢复重点针对湿地动植物，其具体目标包括：①乡土物种及其群落结构的恢复；②生态系统关键种的恢复；③珍稀濒危特有物种恢复等。

### 二、生态完整性恢复

湿地退化表现在湿地生态系统组分缺失（生物组分缺失、食物链重要环节缺失等）、结构不完整或被破坏、生态过程受到干扰或破坏。生态完整性恢复目标包括：①湿地生态系统组分及结构恢复重建，如湿地植被恢复，重建完整的食物网结构；②主要生态过程得到恢复，如初级生产过程、营养物质循环、水文过程、沉积物冲淤动态平衡过程等。

### 三、自然水系及水文恢复

水文决定着湿地植被类型及水生生物群落的生存和分布，湿地退化与水文特征的改变密切相关，如修建水坝、修筑堤坝、河道渠化、任意取水调水、过度排水等。自然水系及水文恢复目标包括：①恢复自然水系格局、自然水道，如河流、潮沟等形态与结构特征；②恢复水文连通性，如河湖连通，河流的纵向、侧向和垂向连通等；③恢复自然水文水动力过程，如自然水位变动、洪泛持续时间和频度、洪水格局等；④恢复生态流量。

### 四、生态系统服务功能恢复与优化

湿地的生态系统服务功能多样，伴随湿地结构的破坏，湿地重要的生态系统服务功能退化甚至丧失。生态系统服务功能的恢复和优化是湿地修复的最重要目标。湿地生态系统服务功能恢复与优化的目标包括：①恢复水质净化功能；②洪水调蓄及水资源供给功能；③气候调节和改善功能；④生物生产功能；⑤栖息地及生物多样性维持功能；⑥景观及文化功能等。

湿地功能与结构紧密相连，在湿地修复设计中特别强调“重形态，重结构，更重功能”。湿地功能设计与湿地结构设计密切相关，我们必须搞清楚某一特定湿地功能恢复所关联的相应湿地结构，当重建湿地的自然结构（如植物群落结构、地形格局、水文结构等）时，相应的生态功能就能得到恢复。

## 第二节　湿地修复可行性及场地

### 一、修复可行性

湿地修复应针对环境可行性、技术可操作性和经济可行性三个方面，进行可行性评估。全面评价可行性是湿地修复成功的保障。

湿地修复的选择在很大程度上由现在的环境条件及空间范围所决定，如在温暖潮湿的气候条件下，湿地自然修复速度比较快；而在寒冷和干燥气候条件下，湿地自然修复速度比较慢。不同的环境状况，湿地修复花费的时间也不同，甚至在恶劣的环境条件下恢复很难进行。现时的环境状况是自然界协同进化并与人类社会长期协同发展的结果，其组成要素之间存在着相互依赖、相互作用的关系。尽管可以在湿地修复过程中人为创造一些条件，但只能在退化湿地基础上加以引导，而不是强制管理，只有这样才能使修复具有自然性和持续性。在进行环境可行性分析时，要明确湿地退化的原因、退化程度及发展趋势，针对关键因素，进行可行性分析，以确保修复的湿地结构和功能的可持续性。这些关键因素包括修复工作者是否了解修复区域过去的湿地自然状况、修复区域是否有永久性水源、修复区域的地形及土壤条件是否具有蓄水能力、是否存在土壤种子库或土壤种子库组成情况、人为干扰对湿地水环境和生物环境的影响情况等。根据上述关键因素，做出特定区域湿地修复的环境可行性分析。

技术可操作性分析是基于现时的技术水平，针对特定恢复目标，确定可选择的具体修复技术。一些湿地修复的愿望是好的，设计也合理，但操作非常困难，因此，其修复实际上是不可行的。

经济可行性包括评估修复项目的资金支持强度，修复后的维持成本和经济效益。应遵循最小风险与效益最大原则。湿地修复项目往往是长期的和艰巨的工程，在修复的短期内效益并不显著，并带有一定的风险性，这就要求对所修复的湿地对象进行综合分析、论证，将其风险降到最小。同时，必须保证长期的资金稳定性和对项目的后期持续监测。

## 二、修复场地分析

### （一）选择参照地点

参照地点是湿地公园范围内或周边没有受到人为干扰或受人为影响很轻微的湿地区域，以此来替代修复区域退化前的状态，作为参照。参照地点的调查包括水文与水质调查、基底调查、生境调查、生物调查四个方面，特别强调原生水系、原生水文状况、原生地貌、乡土动植物种类的调查。可通过野外调查、走访、座谈、查找文献等方法获取参照地点的水文、土壤、植物物种、植被类型、野生动物种类等方面的信息。

### （二）场地本底调查

实施修复计划重要的第一步就是对场地基本信息进行收集，包括区域水文、土壤、植被状况，修复区面积和受干扰类型，野生生物资源利用状况。对修复场地现存状况进行描述是了解实施何种修复措施及决定哪种修复方式的关键，在修复设计和实施前应先开展实地调查。场地分析的主要内容如下：

1. 水文与水质

水资源和水文状况是湿地修复场地最重要的特征。水文条件是决定能否在特定区域生长某一植物的重要因素之一，每一种植物都有其特定的水需求和忍耐值。场地的水文分析包括水源、水量、水质、水深、地下水位、淹没及饱和期、季节性涨落、洪泛持续时间和频度。对修复区域水文状况的了解将决定湿地修复的成败。理论上，在开展修复前应对场地进行至少一年的水文调查。此外，要调查靠近湖泊或池塘的修复场地在正常状态下的最高、最低水位线；临近河溪的修复场地，其冬春季低水位和夏季高水位如何影响修复区；沼泽湿地区域是否为季节性或永久性洪水淹没或处于饱和状态。水质调查包括水体受污染状况、相关水质指标（如 pH 值、溶解氧、透明度、化学需氧量、总氮、总磷）、水质类别。

2. 植物

识别所选取的修复场地植物种类，明确其生活习性，包括喜阳还是耐阴、耐涝还是抗干旱，杂草生长潜力，野生植物的重要性和观赏品质。了解修复区现状植被结构及特征，判定适宜在修复区生长的本土植物。修复区现存植被很大程度上影响着对植物的选择，现存植被可为修复区遮阴，或提供种子及植物繁殖体。

3. 野生动物

修复区现有的野生动物资源、栖息地和与之相关的邻近栖息地的状况很大程度上决定了野生动物种群的恢复。野生动物会利用可提供食物、水资源以及能够躲避天敌和进行繁殖的区域。分析修复区是否有适宜其栖息和迁移的生态廊道，是否有可能将修复区那些孤立的栖息地与附近的栖息地和邻近高地栖息地连接起来。分析修复区对野生动物筑巢、躲避或繁殖具有重要意义的物理和生物生境要素，包括湿地修复区的树木、枯木和木质物残体。

4. 土壤

修复区的土壤类型影响着对植物的选择，土壤质地、pH 值、有机质含量、营养状况和压实度都会影响植物生长。有机土主要由腐烂植物或未分解植物组成，泥炭质土壤主要有粗沙、粉沙和部分黏土组成，沙质土下渗迅速，黏土相对不透水。土壤是否具有蓄水能力是湿地修复的一个关键要素，对维持湿地水文条件具有重要作用。有毒污染的土壤则需要专业人员进行处理。

5. 地形

对修复区地形地貌特征进行评估能够决定修复场地坡度和水深是否适宜栽种植物。库塘和湖泊的水下地貌特征决定了该区域是否适合种植浅水植物，以及是否适合种植需要淹没更深的植物（包括沉水植物）。除地形地貌外，方位（湿地修复所选取的朝向）也是湿地修复中与地貌相关的另一个重要因素。在修复区北坡种植的植物应该是耐阴植物；相反，南坡则宜种植喜光植物。坡度、场地方位和现存生物生长状况都会对所选取的修复场地区域小气候造成影响。

6. 社会经济与文化特征

了解修复场地所在区域的社会、经济背景，包括人口数量、民族、地区经济发展水平、城镇居民收入水平、妇女儿童的意愿、生活风俗、文化遗产等，很多数据可以从当地政府部门或实地调查中获得。

# 第三节 湿地修复方法选择

## 一、自然修复

以自然的自我设计为主，即偏重于借助自然生态系统的自我修复能力、自组织能力进行湿地修复。湿地修复的过程就是消除导致湿地退化或丧失的威胁因素，从而通过自然过程恢复湿地的功能和价值。在湿地修复的初期，以最小的人为干预，即通过去除修复区域的人为干扰，如封围禁牧、禁猎禁捕、禁止砍伐和收割湿地植物、消除点源污染、拆除堤坝围堰等，恢复湿地的水文状况，充分利用当地和邻近区域湿地的种子库，通过植物的自然生长、植被的自然更替，逐步恢复湿地的结构和功能。这种修复方法费用低廉，修复后的湿地与周围景观协调一致，主要适用于人为干扰较小、尚存有湿地特征、土壤种子库丰富的修复区域。以最小的代价，恢复重建湿地的自然生态结构和生态过程。自然修复的优势在于低成本和与周围景观的协调一致。

## 二、人工促进修复

人工促进修复涉及自然干预，即人类直接控制湿地修复的过程，以恢复重建湿地生态系统。这种修复方式强调人的积极主动介入，师法自然，以近自然工法，进行微地貌改造，修复湿地的基底结构；通过水流控制设施调节和管理水量、水位变化，恢复湿地水文状况；种植适生植物、构建合理的植被结构；清除外来入侵有害生物。这种修复方法时间短、见效快，但费用相对较高，主要适用于人为干扰强度大、干扰频繁、严重退化的区域，或者只有通过湿地建造和最大限度地改进才能完成预定的目标时。

在湿地修复工作中，根据场地的实际情况及修复目标需求，常常两种方法并重。事实上，按照湿地修复的基本原则和理论，好的湿地修复一定是以自然的自我设计为主、人工调控为辅。

# 第四节 湿地修复技术

湿地修复工程的设计和实施是湿地修复工作中最为重要的环节，工程实施前必须由专业机构进行规划设计，主要包括水文和水环境修复、基底结构与土壤修复、植被恢复、生境恢复四个方面。

## 一、水文和水环境修复

水文和水环境修复是湿地修复的关键环节。水文修复主要通过维持水文连通性、满足生态需水量、改变水流形态和调控水位等方法实现。水环境修复内容包括泥沙沉淀、水质改善、面源污染防控等。

### （一）水文连通技术

水文连通主要通过拆除纵横向挡水建构筑物，建设引水沟渠、桥涵、水闸、泵站，底泥（生态）疏浚等技术实现。

1. 拆除纵横向挡水建构筑物

拆除纵横向挡水建构筑物，贯通修复区内部水系，并使其与周边水系相连，形成沟通完善的水体网络。

在相邻接的水体间通过拆除纵向挡水建构筑物，实现水文连通。如拆除河流水坝，实现河流纵向水文连通。在河流、湖泊、水库沿岸，通过拆除堤坝，合理利用洪水脉冲，实现河流侧向的水文连通和生态联系。在滨海盐沼恢复中，运用堤坝开口方式向被围垦土地中重新引入潮汐，并在盐沼潮上带挖掘露出已被填埋的潮沟，以增强潮汐与沼泽的水文联系。

2. 修建桥涵、水闸、泵站

桥涵是泄水建筑物，其规模决定着通过水量的大小。水闸对水流起着控制作用，水闸建设保证了水体水文连通。泵站则是修建在河流、湖泊或平原水库岸边的泵站建筑物，通过与输水河道、输水管渠相连，实现水体水文连通。选择站址要考虑水源（或承泄区），包括水流、泥沙等条件。

3. 修建引水沟渠

以人工挖掘方式修筑以排水和灌溉为主要目的的水道，即沟渠系统，连接水源地（如河流、湖泊、水库）与湿地，增强湿地生态系统内外水体的连通与交换，并发挥多样化的生态水文功能。沟渠系统建设应参考自然河溪河道及河岸生态特征，尽可能生态化。

4. 疏浚底泥

在河湖湿地，常常由于底泥的大量淤积，造成暂时性或永久性的水文联系中断。对淤积严重的湿地中的水道，须进行合理疏浚（生态疏浚）。生态疏浚必须在保证具有重要生态功能的底栖系统不受破坏的前提下，精确标定底泥疏浚深度，采用生态疏浚设备，施工期必须避开动植物的繁殖期。

5. 合理利用洪水脉冲

洪水脉冲将河流中的营养物质、植物种子或繁殖体和大量泥沙等带入河流两岸的湿地，促进湿地土壤发育和植被生长，河流与洪泛湿地间的水文动态和物质交换对维持河流水体——河漫滩湿地复合系统具有重要意义。当洪水脉冲被阻隔时，河流与湿地间的水文联系也因此中断，并导致湿地退化。通过控制沉积物下沉以抬高河床、引河水注入河流两岸的沼泽地、在河流两侧挖掘形成较低地形区域等措施，增加河岸湿地的洪泛频率，重建退化河道与河岸湿地间的水文过程。

6. 恢复潮沟

淤泥质河口潮滩湿地和滨海潮滩湿地常被许多分支的沟道——潮沟所切割。潮沟系统在维持潮滩湿地水文连通性、生物多样性及生态系统过程方面具有重要作用。对于潮沟受到破坏的潮滩湿地和红树林湿地，恢复潮沟系统是恢复潮滩湿地水文连通性的重要措施。潮沟恢复包括重建呈树枝状的潮沟系统，通常分 2 ~ 3 级；恢复河曲发育良好的潮沟；恢复具有从潮沟底—潮沟边滩—植被覆盖潮滩的横断面格局，提高潮滩湿地生境异质性，利于底栖动物和鸟类的生存。

### （二）水量恢复技术

1. 生态补水

利用河流、人工渠道、提水泵站等措施引水，实施生态补水。湿地生态补水也可采用经净化处理的再生水。在湿地缺水区可通过现有沟渠或临时铺设管道引入其他水体的水。利用雨水补给湿地水源是一个资源化、可持续的补水策略。也可将城市雨污分流后的雨水管通入人工湿地净化，利用自然重力出水流入缺水湿地，进行生态补水。

2. 修复区域局部深挖

深挖（如在缺水干涸的地面或浅水沼泽中挖掘水涵）创造湿地修复区域局部深水区和各种类型的湿地塘，增加湿地水量。这些湿地塘和深水区有助于湿地在枯水季节不致表面干涸，保障水生生物的生存空间和鸟类的饮水场所。

3. 围堰蓄水

在由地势差异而形成的湿地中，构建围堰是恢复水量的有效措施。以潜坝围堰，可以保持比湿地原始状态高的水位，形成一定面积的水面，提高蓄水能力。潜坝的高低和宽度依据修复区地形、场地面积和汇水区面积而定，通常砌筑土质潜坝（土坡）。在河流上砌筑潜坝，不能阻断河流的纵向水文连通性。通过围筑陂塘和填堵排水沟（如用麻袋或木质物分级填堵排水沟）、挖掘“潟湖”“牛轭湖”等结构，也可为湿地蓄积水源。

4. 牛轭湖

平原河流的河曲发育，随着流水对河面的冲刷与侵蚀，河流弯曲度逐渐增大，由于河流自然裁弯取直，河水由取直部位径直流去，原来弯曲的河道被废弃，形成孤立水体，即牛轭湖。参考牛轭湖形态结构及生态功能，在河流湿地修复中，沿河岸区域，挖掘牛轭湖形态的水湾，起到蓄水、供水作用，保障水生生物的生存空间，发挥污染净化功能。在湖泊、库塘湿地的恢复中，构建牛轭湖也常常起到为水鸟提供生境的重要作用。

5. 梯级式水泡系统

在河流上，尤其是沟道上游，以及湖岸、库岸缓坡，通过扩挖小水面（水泡、小型浅水塘），沟通相邻接的小水面（水泡），构筑阶梯式水泡系统，发挥其在湿地修复中的储水、蓄水、补水生态功能。

6. 雨水收集利用系统

雨水是湿地的重要水源之一。根据雨水源不同，分屋顶雨水和地面雨水两类。湿地修复中常见的雨水收集系统包括屋顶花园、雨水花园、生物滞留塘、生物沟、生物洼地。

（1）雨水花园

通过人工挖掘，形成小面积浅凹绿地，用于汇聚并吸收来自屋顶或地面的雨水，是湿地修复中可持续的雨洪控制与雨水利用设施。

（2）生物滞留塘

在地势较低区域，通过植物、土壤和微生物系统构建蓄渗、净化径流雨水的水塘。生物滞留塘宜分散布置且规模不宜过大，生物滞留塘面积与汇水面面积之比一般为5% ~ 10%。生物滞留塘的蓄水层深度应根据植物耐淹性能和土壤渗透性能来确定，一般为200 ~ 300mm。

（3）生物沟

沿湿地修复区内各级道路两侧，构建种植有植被的地表沟渠，一般为碟形浅沟，可收集、净化、输送和排放径流雨水。

（4）生物洼地

人工挖掘形成低洼池，通过土壤改良使洼池基质具有良好渗透性，在洼地池中栽种植物，是湿地修复中控制雨洪、蓄积并补给地下水、净化面源污染的技术措施。

旱区、缺水区域湿地修复应进行雨水利用工程的建设，优先选择收集利用雨水作为湿地补水和绿化灌溉用水。在干旱地区可考虑建设雨水收集系统，收集的雨水就地作为生态补水。

湿地修复区内硬化道路、停车场应采用透水铺装，宜在道路两侧布设雨水收集系统，雨水经自然净化后流入（渗入）湿地。

7. 暴雨储留湿地

在重点针对水质净化、防洪、蓄水的河流湿地、湖库湿地修复中，建设暴雨储留湿地。模拟自然暴雨系统的特征和功能，综合利用水塘和湿洼地的蓄水和过滤功能，设计长的处理路线，让暴雨及洪水通过低洼湿地、植物缓冲带和大面积地表缓流的湿地塘系统，使上游来水得到缓冲、滞留，并使水质得到净化。暴雨储留湿地分三个部分：①湿地塘－浅水沼泽湿地系统，由两个独立的单元组成，即湿地塘和浅水沼泽湿地；②延伸带滞洪湿地系统，增加径流雨水暂时储存池，植被带分布沿着延伸带滞洪湿地斜坡边缘从正常塘面高度一直延伸到延伸带滞洪水面的最高处；③小型水塘系统，为实现暴雨控制水塘系统的储蓄水、缓流和生物生境等功能，建设 25% ~ 50% 的水面，且水深在 50cm 左右，其余 50% ~ 75% 的水面区域水深达到 1.5 ~ 2.5m。

8. 水源涵养林

水是湿地的重要因子，除了上述水源及生态补水措施外，水源涵养林恢复和建设是涵养湿地区域内水的重要措施。在河流第一层山脊、湖泊及水库周边营造水源涵养林，有利于保障湿地区域内的水量和水质。

## （三）水位控制技术

水位控制主要采取建设生态闸坝、潜坝（通常砌筑土质潜坝，以潜坝围堰，可保持比湿地原始状态高的水位；潜坝高低依据修复区地形和水位控制要求而定）、水闸、原木拦截堰、泵站等措施，按湿地保护需求和栖息动植物适宜水深控制水位。

也可利用水控结构控制水位。在沟渠的合适位置安装水控结构进行排水管理，同时也可用来转移和控制水流，其设计要求考虑季节性水位的变化，以优化丰水期排水和枯水期储水的功能。

## （四）水流形态多样化调控技术

将渠化的河流或笔直的沟渠恢复成自然蜿蜒形态，使水体在更广阔的湿地区域中自由流动，可丰富湿地水文过程在时间和空间上的差异性。向河道、湖泊、库塘边缘抛石，或种植挺水植物可在小尺度上改变水流形态，提高生境异质性并为底栖动物和鱼类提供生境。

## （五）水环境修复技术

湿地水环境污染源包括湿地区域内和区域外的生活污染源、工业废水污染源、城市面源和农业面源及内源污染（污染底泥的再释放）。根据修复区域水环境现状及污染源，采取相应修复措施。水环境修复技术包括以下内容：

1. 泥沙沉淀池

沉淀池是为了让水流中较重的悬浮物沉积池底。通常在河流的入湖（库）处建设泥沙沉淀池，设置过滤层，用于过滤粗大垃圾、杂质，多余泥沙在沉淀池内沉积去除。

2. 人工湿地处理

在郊区、农耕区域的湿地修复中，对少量农户的生活污水可通过微型人工湿地处理达标后排放。对湿地修复区域内的管理服务区、访客中心、接待中心所产生的少量污水，通常采用人工湿地（表面流人工湿地、潜流型人工湿地）进行水质净化。在湿地修复中人工湿地建设还应与生物多样性提升、科普宣教、景观美化等功能结合起来。

3. 稳定塘

稳定塘（也称氧化塘或生物塘）是湿地修复中利用天然净化能力对污水进行处理的湿地结构。将土地进行适当修整，建成池塘，设置围堤和防渗层，依靠塘内生长的微生物和植物，利用菌藻共同作用处理废水中的有机污染物。

4. 沿河流增加水质净化的功能湿地

在河流两岸或湖（库）沿岸建设自然湿地，即增加针对水质净化的功能湿地。新建功能湿地形态和大小可根据修复场区地形和空间而定，在净化水质的同时，发挥涵养水源功能，并为野生生物提供栖息地。

5. 滨岸湿地缓冲带

在河流、沟渠两侧构建一定宽度的植物缓冲区，发挥其过滤、净化功能，包括河岸林及河岸灌丛；在乔木和灌木稀少的地带，也可在河流、沟渠和周边高地间种植乡土草本植物，形成缓冲带。

6. 种植沉水植物

沉水植物种植是湿地修复中净化水质的优选技术，可增加水中溶氧，净化水质，扩大水生动物的有效生存空间，给水生动物提供更多栖息和隐蔽场所，为水生动物提供食物。常见的具有水质净化功能的沉水植物有黑藻、苦草、穗花狐尾藻、眼子菜等。可种植于软底泥 10cm 以上，水深 0.5 ~ 2m 甚至更深的水体；也可适用于底部浆砌或无软底泥发育的水体。

7. 人工浮岛

针对湖泊、库塘等湿地的水质净化，在水位波动大的水库或因波浪大等难以恢复岸边水生植物带的湖沼或是在有景观要求的池塘等闭锁性水域应用人工浮岛。人工浮岛框架常见材质有竹木、椰子纤维、泡沫、塑料、橡胶、藤草、苇席等。浮岛上面栽植水生植物，如芦苇、香蒲、茭白、水葱、美人蕉、千屈菜等。除净化水质的功能外，在湿地修复中应用人工浮岛还可为鱼类提供产卵附着基质，为鱼类、水生昆虫和水鸟提供栖息生境，优化美化湿地景观。

8. 水体富营养化治理

主要采取控制外源性营养物质输入、清理水面外来物种、生态清淤、生物除藻（生物操纵法）、底泥疏浚（洗脱）、水生生态系统优化等措施来治理水体富营养化。其中，生物操纵法通过改变捕食者（鱼类）的种类组成或多少来操纵植食性浮游动物群落的结构，促进滤食效率高的植食性大型浮游动物，特别是枝角类种群的发展，进而降低藻类生物量，提高水体透明度，改善水质。在湿地修复中，常用食浮游植物的鱼类和滤食性软体动物来控制藻类，治理水体富营养化。

## 二、基底结构与土壤修复

大多数湿地的水文恢复和植被恢复都伴随着对基底的改造和修复。基底结构的修复主要包括基底地形恢复与改造；土壤修复的内容包括清除土壤污染物、土壤理化性质改良等。

### （一）地形修复和改造

在湿地修复工程中，适宜的地形处理有利于控制水流和营造生物适宜栖息生境，达到改善湿地环境的目的。

1. 营造修复区地形基本骨架

通过微地形营造和恢复，确立湿地修复区地形基本骨架，营造湿地岸带、浅滩、深水区、浅水区和促进水体流动的地形、开敞水域分布区等地形，疏通水力连通性，促进水体中物质迁移转换速率，恢复湿地植被及生物多样性。

2. 典型湿地地形恢复

通过挖深与填高方法营造出凹凸不平、错落有致的湿地地形。必须以恢复目标为前提，在修复区域内创造丰富的湿地地貌类型或高低起伏的地形形态。通过地形恢复，使地形不规则化和具有起伏。具有不规则形状和边缘的湿地更加接近于自然形态，拥有更大的表面来吸收地表径流中的营养物质，并且包含更多形态多样的空间和孔穴来为水生生物提供栖息和庇护场所。

典型地形恢复主要包括缓坡岸带、浅滩、深水区、生境岛、急流带、滞水带、洼地、水塘八种类型。

（1）营造缓坡岸带

对库塘、湖泊、河流等湿地类型，通过对水岸地形的适度改造，营造部分缓坡岸带，可为湿地植物着生提供基底，形成水陆间的生态缓冲带，发挥净化、拦截、过滤等生态服务功能。根据岸线发育系数恢复岸带，确定地形修复工程的空间位置，对较陡的坡岸进行削平处理，削低高地，平整岸坡，去直取弯，进行缓坡岸带地形恢复。

（2）营造浅滩

对于石驳岸、陡坡等类型湿地岸带，须进行地形修复，营造浅滩基底。通过对临近水面起伏不平的开阔地段进行局部微地形调整（局部土地平整），削平过高地势，减小坡度，以减缓水流冲击和侵蚀。对周围地势过高区域，通过削低过高地形、填土降低水深等方式塑造浅滩地形，营造适宜湿地植被生长和水鸟栖息的开阔环境，使其成为涉禽、两栖动物的栖息地以及鱼类的产卵场所。在坡度较陡和粗颗粒泥沙的岸带，应把浅滩作为恢复湿地地形的方法之一。

（3）营造深水区

湿地中需要保留或营造一定面积的深水区，保证其底层水体在冬季不会结冰，为鱼类休息、幼鱼成长及隐匿提供庇护场所以及湿地水生动物越冬场所。深水区地形的恢复，可满足游禽栖息和觅食需求。营造深水区以凹形地形恢复为主，深挖基底形成深水区，深度应保证湿地修复区所在地最冷月份底层水体不结冰，并预留 0.5m 深的流动水体。

（4）营造岛屿

岛屿地形营造对拟恢复的退化湿地来说是重要的地形恢复工程。结合不同种类湿地生物（如水鸟、爬行类等）的栖息和繁殖环境要求，通过堆土（石），进行生境岛地形恢复。

（5）营造洼地

在平坦地面上塑造不均一分布的洼地，提高地表环境异质性。在降雨时蓄滞水，在非降雨期由于水分饱和、土壤湿润，起到释放水分、调节微气候的作用。

（6）营造水塘

在水岸上挖掘大小、深浅不一的塘，这种地形重塑的方法通过洪水脉冲和季节性水位变动使岸边水塘与水体发生联系，形成湿地多塘系统，是旱涝调节、提高生物多样性的有效模式，为水生植物和涉禽等鸟类提供更大的生存空间。

（7）营造急流带

急流带地形恢复采用地形抬高和地形削平相结合的方法营造，在来水方向抬高地形，与出水方向形成倾斜状地形，加速水体流动速度。急流带地形恢复可为那些喜流水的水生昆虫、鱼类提供适宜的流水环境。

（8）营造滞水带

在出水方向抬高地形形成类似堤坝形态的基底结构，或者在出水方向基底堆积石块，恢复滞水带地形，以减缓水体流动速度的方式实现滞水效果，为着生藻类、适应静水的沉水植物、各种水生昆虫、鱼类、穴居或底埋动物提供适宜生境。以削低湿地修复区局部地势较高的区域，间接实现增加水深，以适应一些湿地植被对水位的要求，特别是对水深有要求的挺水植被、沉水植被和浮叶植被。

除上述八种典型地形修复外，水下地形修复也是湿地地形修复的重要内容。对库塘、湖泊、沼泽、河流等湿地类型，通过对浅水区水下地形的适度改造，使水下地形具有起伏，通过抛石等措施，形成复杂的水下生态空间，增加湿地生境的异质性，提高水生生物多样性。

3. 湿地地形修复的材料

（1）利用土石材料进行地形营造

在修复湿地时，可利用周围的土壤、卵石（或块石等），营造土石堆，营造不同水深，提高生境多样性。

（2）利用植物材料进行地形营造

利用种植的灌木丛或枯死的灌木堆营造湿地地形，为动物提供适宜的地形结构，也可为植物生长提供附着表面。这种地形结构在水面上下均可存在。利用木质物残体营造湿地地形，如利用树桩、倒木和其他木质物残体，使营造的湿地地形更自然，为动物栖息、隐蔽提供良好场所。这些木质物残体可在原地或邻近区域获取。

### （二）土壤修复

湿地土壤修复技术主要包括土壤污染修复、控制土壤侵蚀和土壤理化性质改良等内容。

1. 消除土壤污染物

对已受到污染的湿地，清除土壤污染物。控制土壤污染源，通过其自然净化作用，消除土壤污染。

2. 移走受污染土壤

移走受污染土壤，是一种异位土壤修复技术。适用于污染范围不大，污染程度较轻的湿地土壤。

3. 修复受污染土壤

土壤污染修复技术包括物理修复、化学修复、生物修复等技术。生物修复是应用较广的技术，即通过植物和微生物代谢活动来吸收、分解和转化土壤中的污染物质，如利用细菌降解红树林土壤中的多环芳烃污染物、利用超积累植物修复重金属污染土壤、利用湿地植物（如芦苇）与微生物的共生体系治理土壤污染。

4. 改良土壤理化性质

通过提高土壤肥力和减小土壤密度或压实度来改良土壤性质。充足的有机物质有利于改善土壤理化环境，为植物生长提供营养物质，是湿地植被恢复的前提，且有机土比矿化土具有更强的缓冲能力。在针对水质净化的湿地修复中，通常在底部构建由黏土层构成的不透水层，防止有害物质对地下水造成潜在危害；在其上覆填渗透性良好的土壤，为各种挺水植物提供生长基质。

5. 控制土壤侵蚀

水流的过度侵蚀会导致岸线凌乱、水土流失、沉积物淤积、植物生长受到抑制。通常使用柔性结构进行固岸护岸，减弱水流对土壤的侵蚀。

# 第八章　海洋和海岸带生态系统修复

海岸带是地球表层岩石圈、水圈、大气圈与生物圈相互交接、物质与能量交换活跃、各种因素影响最为频繁、变化极为敏感的地带，是海岸动力与沿岸陆地相互作用、具有海陆过渡特点的独立的环境体系。海岸带可分为下列三个部分，即陆上部分、潮间带和水下岸坡。高潮线至波浪作用上限之间的狭窄的陆上地带被称为陆上部分（海岸）。潮间带通常也称为海涂，是介于高潮线与低潮线之间的地带。水下岸坡是低潮线以下至波浪有效作用于海底的下限地带。

由于其良好的地理位置、丰富的资源、独特的海陆特性，以及优越的自然条件，海岸带成为人类活动最活跃和最集中的地域。同时它也是自然界食物链中的重要组成部分，是鱼类、贝类、鸟类和哺乳类动物的栖息地，大多数生物种群成为各沿岸国家的海产品供给源。在内陆水流入大海的过程中，沿岸水域形成一个污染自净体系。而沙丘、沙质海滨和围堤共同形成保护体系，保护内陆免受风暴、洪水和海浪的侵蚀。

随着工业化和城市化的进程，海岸地常面临着海洋运输、废物排放、人口增长、工业和娱乐活动的重压。海洋是陆上一切污水、废物的主要消纳场所，内陆和沿海地区有大量生活污水、工业废水以及含有农药、化肥的田间排水汇入江河后流入海洋。此外，沿海兴建的拆船厂、在港口停泊或沿海航行的机动船舶、海上平台等将含油污水及废物直接排放入海。有害有毒物质污染河口、海岸带和海洋的环境资源，严重破坏生态系统平衡，危害人体健康。

海洋和海岸带的生态修复，是为了减少资源破坏和避免生态进一步恶化、利用工程和生物技术对已受到破坏和退化的海洋和海岸带进行生态修复措施的总称。由于海洋和海岸带生态系统修复的复杂性、综合性以及有效干预难于实现等，淡水和陆地生态系统修复要强于海洋和海岸带生态系统的修复。近年来，大量工作在沿海系统地区开展起来，主要集中于一些提供动植物特定生存环境的生物区如海草床、珊瑚礁、海岸沙丘、红树林和盐沼，而在其他的生物区开展较少。

海洋和海岸带生态系统的修复涉及一系列的发展阶段。首先要确定干扰因素，对于未来发生潜在不利影响的风险，须采取一定措施进行消除或减小。只有当干扰减缓或停止之后，自然修复才能进行。在大多数情况下，停止干扰并尽快进行自然修复，开放的海洋和海岸带生态系统来说，是最理想与最经济的措施。

## 第一节 珊瑚礁生态系统的修复

### 一、珊瑚礁生态系统的特征

珊瑚礁分布在全世界约 110 个国家的热带、亚热带海岸沿线，中国南海诸岛以及海南省沿海一些浅海水域就分布有珊瑚礁生态系统。珊瑚礁生态系统是地球上生物种类最多的生态系统之一。虽然珊瑚礁仅仅覆盖了海洋面积的 0.17%，却可能栖息着所有海洋生物物种总数的 1/40。就全球范围讲，仅热带雨林包含的生物数量高于珊瑚礁，珊瑚礁因此也被称为“海洋中的热带雨林”和“蓝色沙漠中的绿洲”。

珊瑚礁是一个建立在动物、植物和矿物集合体基础上的碳酸盐平台，该平台是经过数百万年的造礁作用，由生物作用产生生物骨壳，其碎屑沉积和碳酸钙积累而成的岩石状物，其中珊瑚虫及其他少数腔肠类动物、软体动物和某些藻类对石灰岩基质的形成起重要作用。

并非所有种类的珊瑚虫均具有造礁功能。只有与虫黄藻共生并能进行钙化、生长速度快的珊瑚虫才具有造礁功能。它们是珊瑚礁生态系统的主要成分，被称为造礁珊瑚。除此之外的不与虫黄藻共生、生长缓慢的珊瑚虫则无造礁功能，为非造礁珊瑚。

微小的单细胞藻类和造礁珊瑚虫组成共生体，藻类存在于珊瑚虫的内胚器官中。这些藻类利用自身光合作用捕捉光能，并将光合作用产物，如碳等，传递给宿主珊瑚。作为回报，珊瑚虫提供给藻类氮、二氧化碳和遮蔽物。珊瑚利用藻类光合作用生产的碳作为其主要的食物来源并加强其骨骼的石灰化作用，显著提高硬度等。

珊瑚生态系统就是由造礁珊瑚生物群体本身形成的地质所支持的特殊的生态系统。珊瑚礁种类繁多，达尔文曾将珊瑚礁在构造上进行了较详细的分类，分别是以下四种类型：

#### （一）堤礁

堤礁是狭长的与海岸平行且相对靠近海岸的珊瑚礁或岩石，环绕在离岸更远的外围，与海岸间隔着一个较宽阔的大陆架浅海、海峡、水道或潟湖，常被很深的、不适合珊瑚生长的环礁湖与海岸隔开。

### （二）裙礁或岸礁

靠近海岸而与海平行的珊瑚礁，与陆地之间局部有一浅窄的礁塘，是最常见的珊瑚礁结构。

### （三）片状礁

片状礁是分散的不连续的裙礁。

### （四）环礁

环礁是一种马蹄形或环形的中间围有潟湖的珊瑚礁。

沿海活动、富营养化和污染对裙礁和片状礁有较大的影响，尤其是离陆地近的珊瑚礁。堤礁因为远离陆地，相比于其他种类的珊瑚礁不易受到影响，而环礁特别容易受到天气变化、海平面上升和资源开发等因素的影响。

## 二、珊瑚礁生态系统的功能

即使在养分不足的水域珊瑚礁也能进行养分的有效循环，为大量的物种提供广泛的食物，所以说珊瑚礁具有很高的生物生产力。珊瑚礁构造中众多孔洞和裂隙形成了多种多样的生境，为许多鱼类和无脊椎动物提供了遮蔽所、食物和繁殖场地。某些物种仅存在于这种生态系统之中。

对于沿海生物群落珊瑚礁具有重要作用，例如，它们以自然屏障的形式抵御海风巨浪对海岸的冲击，从而有效地保护林木和建筑设施、海岸地貌；珊瑚礁渔场的建立，为沿海生物群落提供了生境。此外，许多国家开发了珊瑚礁观光等娱乐性活动。

在全球范围内珊瑚礁还是一种重要的碳吸纳物。研究表明，世界范围内珊瑚礁的破坏在一定程度上导致了二氧化碳在空气中的含量日益提高。珊瑚礁还是鸟类重要的生境之一，一些珊瑚礁被描述为“丰富的鸟类资源库”，可见其作为鸟类栖息地非同一般的重要性。

珊瑚礁是热带海洋生态系统生物多样性的主要仓库，珊瑚礁的各种生境为许多鱼类和无脊椎动物提供了遮蔽所、食物和繁殖场地。

## 三、珊瑚礁生态系统受损的原因

珊瑚礁是地球上最容易受威胁的生态系统之一。农场作业、伐木业、捞泥业、采矿业和其他人类活动造成了大量的沿海泥土流失。流失的泥土沉积在珊瑚礁上，泥沙妨碍了珊瑚上的幼小生物发展新的栖息地；还阻碍了海藻的光合作用，也就减少了供给珊瑚的能量。

人类过度捕捞对珊瑚礁造成了又一个威胁。加勒比海、东南亚近海和美国大部分珊瑚礁受到严重威胁的重要原因就是由于过度捕捞。此外，人为的威胁还包括：沿海工程、船只触礁搁浅、化学污染、漏油、观光破坏、营养物质的流失以及杀虫剂等。浅水中的珊瑚能直接被海上油轮溢出的油杀死，并且珊瑚的新陈代谢和再生过程被阻止，高浓度的焦油覆盖珊瑚，会使它们窒息而死。另外，用于清除机油的清洁剂对珊瑚的毒害作用也很明显。

## 四、受损珊瑚礁生态系统修复的技术和方法

珊瑚礁的修复通常被看作是一种主动计划，旨在加速其自然修复达到终点，即形成同时具有系统功能性和美学价值的珊瑚礁生态系统。珊瑚礁最主要的修复方法是消极法，即在先减缓影响的前提下，再进行自然修复。只有小范围的研究才适于应用积极的修复，包括受损种的修复、成年种的移植以及移走捕食者等。

### （一）珊瑚移植

珊瑚移植包括对一个健康的珊瑚礁生物群体的片段或整个进行收集，然后将其移植到一个与它环境条件相似的退化的珊瑚礁中。自然修复的速度可因移植成熟的生物群体而被加快，因为它避免了引入一种不适合的幼体，更回避了群体生命周期中具有较高死亡率的幼年期。珊瑚移植的研究主要有两类：生物群体片段的移植和整个珊瑚礁生物群体的移植。但移植方法存在潜在不足之处。

第一，移植生物群体附着失败：被移植物（即使是已经附着在基底上的）如果暴露在暴风雨或较大的海浪中，损失会很大；被移植物附着失败会给附近的生物群体和被移植物来源地带来损害。

第二，对移植生物群体来源地的影响：这取决于从该地区移走的生物数量以及被采集的是群体的片段还是整个群体。

第三，移植生物群体的生产能力下降。

第四，移植生物群体的死亡率和存活率变化：被移植的生物群体比未受干扰的群体有更高的死亡率。

### （二）人造珊瑚礁框架

人造珊瑚礁框架实现了两个方面对珊瑚礁的促进修复：一是能为珊瑚虫以及其他附着生物提供合适的栖息地。这也是人造珊瑚礁框架在移植中的一个最主要的优点，即它能为一系列生物的迁移定居提供场所，这是单一种的移植无法实现的。二是为鱼类和无脊椎动物提供遮蔽物和避难所。人造珊瑚礁框架的最初目的是用来发展渔业，后来随着珊瑚礁生

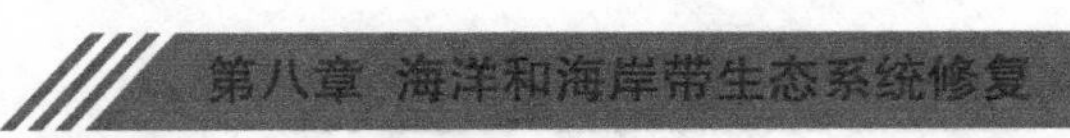


态系统的破坏情况日益加剧，人们逐渐用它来保护海洋环境进行受损珊瑚礁修复。

目前，可以被用于人造珊瑚礁框架的材料有很多种，如橡胶轮胎、废金属、汽车、PVC管、竹子及混凝土。经过长期实践证明：混凝土是作为人造珊瑚礁框架的理想材料。但是，珊瑚礁框架应该具有一定的高度并且建造在垂直于大海的方向上，同时框架内部要具有一定空间为各种尺寸的生物提供活动场所。这种方法在许多国家获得广泛应用，而采用的材料、技术和造型也多种多样。

人造珊瑚礁框架从附近的珊瑚礁系统招引鱼类和其他生物，单纯是一个聚集装置，实质上只是使生物从一个地方转移到另外一个地方，并没有增加海洋生物量。然而，人造珊瑚礁框架减少了生物受损的机会，因为它为鱼类等生物提供了一个安全的场所，因此，增加了海洋生物量。

1. 矿物增长技术（MAT）

20世纪90年代，矿物增长技术被应用于建造新型珊瑚礁，即在人造珊瑚礁上通入低压直流电，利用海水电解析出的氢氧化镁和碳酸钙等矿物附着在人造珊瑚礁上。由于海水电解析出的矿物具有和天然珊瑚礁石灰石相似的物理化学性质，从而加速了石灰石和珊瑚虫骨架的形成和生长。珊瑚在这些结构上的生长非常迅速，与天然珊瑚礁的生长过程极为相似，在珊瑚礁不断增长的同时促进周围生物量的增长，从而达到海岸带保护和海岸带生物种群修复的目的。该技术阳极可以是铅、石墨、钢铁或镀钛物；阴极通常由延伸的铁丝网制成，被建造成简单的几何形状，如圆桶形、薄片、三棱柱和三角锥。这种方法目前已在牙买加、马尔代夫和塞纳尔等国家得到了成功的应用。

对于MAT，矿物在活跃环境中的稳定性目前尚未被明确，而且经过长时期后珊瑚的存活率目前研究人员也不清楚。而且矿物建造初期耗时长、花费巨大且需要有技能的劳动力。此外，不同的自然环境中MAT人造珊瑚礁的实施还没有被验证，潜水者对MAT的评价也很缺乏。即便存在以上问题，但MAT人造珊瑚礁仍被认为是一种有潜力的珊瑚礁修复方法。

2. 珊瑚礁球

珊瑚礁球是一种模仿天然珊瑚礁的外观和功能（提供食物、遮蔽物和保护）的特殊产品。构成这种产品的主要材料是混凝土，具有质地粗糙的内外表面，呈纽扣状。它的制造方法是首先将混凝土灌注到一个玻璃纤维的模型中，模型中央有一个多格的浮标，它被许多尺寸不同的、用来制造孔洞的可充气的球包围着。这些充气气球被充气后根据压力的不同可改变孔洞的大小，并提供一个粗糙的表面。“珊瑚礁球”的一个主要优点就是能够漂浮，并且在使用时能被小船拖着。

这种铸造技术使珊瑚礁球表面质地和质量的确定具有很大的灵活性，并能在各种尺寸中得以实现。包括垃圾在内的任何混凝土都可以用来建造这种珊瑚礁球，但是研究人员建议使用适合海洋生物生长的混凝土。

### （三）珊瑚养殖

在一些地区，珊瑚季节性产卵的时间是可以预测的，利用珊瑚接合体进行珊瑚培育可趁着这样的机会展开。同时，少数种类的珊瑚幼虫是可以成功进行人工饲养的。

人们需要对大范围珊瑚养殖的可行性以及各种方法的花费进行评估。此外，关于幼体对生境的要求、释放幼体的最理想尺寸以及将幼体固定在珊瑚礁上的方法等需要进一步研究和确定。珊瑚礁修复的一个最明显好处就是为受损珊瑚礁提供了大量的足够大的目标物种。

### （四）化学诱导增加珊瑚幼虫附着和变态的概率

漂流的浮游幼虫期和海底固着期是珊瑚生活史中的两个典型阶段。实现珊瑚礁生态修复的关键是浮游幼虫要补充到珊瑚礁区。完成幼虫的补充包括三个连续的阶段：幼虫漂流、幼虫附着和变态、幼虫生长。可通过海洋化学信息的吸引，使浮浪幼虫漂流至合适的地方进行附着。移植的珊瑚和原位珊瑚杂交产生的幼虫，在细菌和珊瑚藻分泌的化学物质吸引下，进行附着和变态。许多生物表面的细菌都影响着这些幼虫的附着，如串胞新角石藻表面的假交替单胞菌分泌的四溴吡咯（TBP）可以诱导幼虫的附着和变态。此外，壳状珊瑚藻分泌的溴酪氨酸衍生物也可诱导幼虫变态。

此外，还可以通过在适合珊瑚生长的环境中投放人工礁，在礁体表面增加微型孔洞等促进幼虫的附着。表面结构复杂的礁石是吸引珊瑚幼虫附着的重要因素。退化珊瑚礁区的礁体表面结构固然复杂多样，但水环境条件不利于幼虫附着和生存。因此，选择合适的水域创造微型地形地貌，理论上可增加幼虫附着的成功率。

## 第二节 红树林生态系统的修复

### 一、红树林的概念与特征

红树植物是指生长在热带沿海潮间带泥泞及松软丰地上的所有植物的总称。红树林是指热带海岸潮间带的木本植物群落。但是，由于海洋气候的影响，有的红树植物可以分布到亚热带，有的则因潮汐影响在高潮线边缘而具有水陆两栖。红树林中生长的木本植物叫红树植物，一般都不包括群落周围的藤本植物或草本植物。红树科树种是红树林植物群落中的优势种属，这些红树科植物因富含丹宁、树皮韧皮部和木材显红褐色而得名。红树林生态系统是以红树林为主的区域中动植物和微生物组成的一个有机整体。它的生境是滨海盐生沼泽湿地因潮汐更迭而形成的森林环境。

## 二、红树林的生态效益和社会经济价值

### （一）净化大气环境，保持人类健康

红树植物利用自身光合作用消耗二氧化碳的同时释放氧气。红树植物属于阔叶林，一般估算，每公顷阔叶林在生长季节 1 天可以消耗二氧化碳 1000kg，释放氧气 730kg。红树林中硫化氢的含量相对较高，硫化氢充当还原剂，泥滩中大量的厌氧细菌在光照条件下利用硫化氢的还原性把二氧化碳还原为有机物。因此，在红树林生态系统中，大量的二氧化碳被吸收，且释放出大量的氧气，这对维持大气碳和氧平衡、净化大气具有十分积极的意义。

### （二）防风固堤，减缓风灾

沿海地区频繁的台风对海岸产生了很大的威胁。红树植物沿海岸呈带状分布，枝繁叶茂，具有强大而密集交错发达的根系，起到固结土壤、促淤保滩作用的同时，还能抵抗强烈的风浪冲击，减缓水流。当外海波浪进入红树林沼泽地时，受到红树植物灌丛及滩面摩擦力的作用，波长缩短，波高降低，波能被削弱，流速减小，大大减弱了波浪对海岸的冲击力而使堤岸得到保护。红树林属于防风林，能减少台风造成的损害，常被称为“海岸卫士”。

### （三）抵御温室效应造成的海平面上升

海平面的上升、海水侵吞陆地，是全球温室效应引起的负面影响之一。而红树林具有造陆功能，一方面，红树林本身的凋落物数量很大。其凋落物以及红树林内丰富的海洋生物的排泄物、遗骸等，都为红树林海岸的淤积提供了丰富的物质来源：有资料表明，红树林滩地的淤积速度为附近光滩的 2 ~ 3 倍。红树林加速了沧海变陆地的进程，从而抵御全球温室效应带来的海平面上升、海水侵吞陆地的后果。另一方面，通过红树植物发达的根系网罗碎屑，加速潮水和陆地径流带来的泥沙和悬浮物在林区的沉积，促进土壤的形成，土壤淤积使沼泽不断升高，林区土壤逐渐变干，土质变淡，最终成为陆地。

### （四）浓缩放射性物质，净化水质

红树林能过滤河川中的有毒物质，从而净化水质，减轻重金属、农药、生活和养殖污水、海上溢油等海上污染。一些红树林的根还有积累某些放射性物质的作用，从而减少海水的放射性污染，减少食物链的污染，保护人类健康。

### （五）红树林提供了重要的渔业基础

红树林以其巨大的凋落物为其生态系统提供了丰富的食物来源。凋落物成为发展沿海渔业重要的物质基础。红树林生态系统的结构越复杂，各种水生生物的种类则越丰富，生物多样性越高，鱼、虾、贝、蟹、蛇、鸟类等越多。例如，中国红树林生态系统为200多种鱼、虾、无脊椎动物提供了生存空间。可见，红树林俨然是鱼、虾、蟹、螺的天然饲料库。红树林地区的水产类物种生长迅速，因此其被誉为“天然养殖场”。

### （六）构成独特的红树林景观

红树林是重要的旅游资源。红树林从不缺乏"海底森林"等美誉。它与其他海岸风光比较具有截然不同的别致风情，是热带、亚热带海岸特有的地理景观。每当潮水上涨，红树林只有郁郁葱葱的树冠浮露在水面上，躯干大半淹没于水中。退潮后，它那千姿百态的身躯又裸露无遗。

红树林具有很强的抗贫瘠性，能在沙质滩涂上发育。因而，可以利用红树林改造沿海的淤泥滩和沙质滩涂，改良滩涂土壤，美化海岸滩涂环境。

## 三、影响红树林生态系统的不利因素

造成红树林生态系统破坏和面积减少的重要原因涉及农业、旅游业、村庄扩建、建养虾池等人类活动对红树林的砍伐，陆源排污如红树林区居民的生活污水排放，把红树林简单地作为木材来源而无节制地采伐以用于薪材、建筑用木材、艺术品用材，道路、码头建设，石油污染，船舶交通，垃圾和固体废弃物的倾倒，暴雨危害，等等。

## 四、红树林生态系统修复的技术和方法

红树林是海岸带三大生态系统之中最容易修复的海洋生境。红树具有胎生现象，不少红树植物的果实在成熟后仍然留在母树上，种子在果实内发芽，伸出一个具棒状或纺锤状的胚轴悬挂在树上，长40 ~ 80cm。成熟的幼苗从树上落下，插入松软的泥滩中，几天后即可生根而固定于泥滩土壤中，或随潮水远播。所以，红树林生态系统修复的方法包括：

在自然再生不充足的地方人工种植繁殖体或树苗的自然再生。此外，可供选择的方法还有养殖繁殖体然后种植得到的小树苗。对繁殖体进行收集后再繁殖具有更高的经济效益，繁殖体如果被种植在适宜的基底、高度上，或是在没有成熟树木的地方其成活率往往更高。

### （一）受干扰红树林的自我修复

在附近的红树林的繁殖体传递不受阻且水文条件不受破坏的情况下，红树林能够自我修复。因为红树林的繁殖体通常都是近距离传播的，所以在种植之前需要先对附近的红树林生育的成熟情况进行研究。然后，减轻人类对红树林的压力，如温度和营养物的变化，水文的改变，罩盖被移走（罩盖就是树林中最上面一层，由树冠组成）。罩盖被移走可以增加地面的光照量，因此，这些由于罩盖被移走而受到干扰的红树林中，幼苗的成活率比未受干扰的有罩盖存在的红树林要高；还有不同的微型动物密度。随着损害的增加，微型无脊椎动物的数量和物种丰度下降。但是，蟹是个例外。研究表明：在受到干扰破坏的区域，蟹的数量反而会增加，它是最先迁移到受损红树林的无脊椎动物，是重要的指示物种。

红树林是有较高生产力的生态系统，但人类活动对其影响较严重。这种具有较高的诱发死亡率的沼泽类型，在遭到破坏后如果仅仅靠自然修复，则森林的修复非常缓慢，所以进行人工修复会起到很好的积极的作用。

### （二）受干扰红树林的人工修复

红树植物通常萌芽能力很弱或无萌芽更新能力，所以无性的枝条扦插或组织培养繁殖一般无意义，实现不了。红树植物选择胎生的有性繁殖方式是对潮间带特殊生境的一种适应，这种繁殖方式有两方面的好处：一方面通过有性过程产生的种苗可获得丰富的遗传基因，对保持种群遗传多样性、提高种群稳定性具有重要作用；另一方面，红树植物每年都能产生大量的繁殖体，完全能满足造林种源需求。

对污染具有一定的耐受性和适应性是任何一种生物所固有的性质，红树林生态系统的红树植物也不例外。但是，不同种类抗污力是不同的。因此，对污染海滩造林技术进行研究是有必要的。成功进行污染海滩造林的步骤为：测定淤泥及海水污染物含量，确定该海滩能否造林，油污染超过国家Ⅲ类海水水质标准的海岸带不适于造林，污染较轻的海滩可选用抗污染能力强的树种造林；测定各造林树种的抗污染能力（依次为：无瓣海桑>海桑>木榄>银叶树>杨叶肖槿>海莲>秋茄>海漆>桐花>红海榄）；依据海滩污染程度选择适宜造林的树种。经试验分析，应选择海桑和无瓣海桑为污染低滩造林树种，选择木榄和海漆为污染中高滩造林树种。

红树林造林方法根据种苗来源可分为：容器苗造林、胚轴造林和天然苗造林 3 种方法。

容器苗造林：容器苗造林是用聚乙烯薄膜袋（育苗袋，装满营养土时直径 7cm，高 20cm）在海上苗圃进行人工育苗，培育出相应规格的容器苗进行定植造林。此法技术特别适合小型胚轴种类及特殊生境的造林，虽要求较高，但造林也有保证。

胚轴造林：将胚轴直接栽种于土壤基质，插入深度为胚轴长度的 1/3 ~ 1/2，过浅则易被海浪冲走，过深则胚轴易发霉烂掉。此法简单易行，主要应用于大型繁殖体造林，但胚轴成熟季节性对方法的约束较大。

天然苗造林：天然苗造林是直接从红树林群落中挖取天然苗来造林的方式。在挖苗和植苗时均容易伤根，主要是因为天然苗根系裸露，因而造林成活率很低，且挖取幼苗对群落发展有负面影响。

中国林科院热带林业研究所曾系统地把海桑、无瓣海桑、红海榄、海莲、水椰、木果楝等嗜热树种引种至珠海、深圳、汕头、廉江、福建的龙海市等地，部分已开花结果。其中无瓣海桑是引种较成功的树种之一，此树种具有速生、通直、高大、抗逆性强等优良性状，为理想的先锋造林树种，已在生产中获得应用。

# 第三节 海滩生态系统的修复

## 一、海滩生态系统概述

海滩是小卵石、大卵石、大石头以及松散的沙子组成的堆积物，它们从浅水延伸到水边低沙丘的顶端或风暴潮影响的边界。全世界大多数的海岸都有它们的存在。大部分的海滩主要是由沙子组成的，沙子的粒径为 0.062 ~ 4mm。

海滩冲积物组成和海滩形式的决定性因素主要是波浪能。较小的波浪主要形成坡面较缓的由更细小的冲积物组成的沙滩。较大的波浪打在沙滩上则能够使沙滩形成陡峭的轮廓，且由粗糙的分选很好的冲积物组成。同时海滩沿岸的水流和风向以及底土层的母质和机械组成、海潮范围、海浪的方向等都可以影响海滩的形态、轮廓和稳定性。

几乎所有的海滩都有自己原始的底栖动物，但是海滩上的植物非常稀少，尤其在卵石沙滩，这种沙滩本身不稳定而且暴露在外。在温带沙质海滩上，生长着一年生草本植物，如藜科冈羊栖菜属植物、海凯菜属的肉质一年生海岸草本植物以及滨藜属植物，它们通常由生长着固沙植物的海岸沙丘支持。在热带海滩上，禾本科草本植物、非禾本科草本植物和木本植物都是海滩生物群落的重要组成部分。热带海滩上有典型的滨线树种，包括椰子和口哨松，它们由海滩向陆地方向生长，但是一般很难生存到成熟期。海滩上果实形成和植物的存活都受到很多环境压力的威胁，如营养缺乏、剧烈的气温日变化、海滩侵蚀或增长、干旱、海浪的飞沫、潮汐以及掠夺行为等。潮汐影响的程度以及海滩冲积物组成是决定植被在它上面形成能力和海滩稳定性的主要因素。

## 二、海滩生态系统的功能

海滩被开发用于建造港口、工厂、住房以及观光旅游业。混凝土原材料和矿物很多来源于此。海滩还在海洋防护中起到重要作用，它保护人类资产、耕地和天然生境不受海水破坏。目前，由于世界旅游业的发展，沿海旅游观光成为普遍现象。全球旅游的增长能更好地带动沿海旅游观光业使其得到更好的发展。因此，海滩作为娱乐性资源的社会经济价值也将继续迅速增长。

生物群落在海滩上的非生物状况的广泛变化以及带状分布导致许多海滩特有种的存在和发展。海滩生境成为许多稀有和受威胁物种唯一的栖身之所，包括那些生长在鹅卵石上的植物、无脊椎动物和海龟。海滩是许多鸟类如燕鸥、海鸥和布科鸟的主要筑巢场所，也是海豹、海龟和海狮等的重要筑巢点。海滩上的底栖动物是滨鸟的重要食物来源。

## 三、海滩生态系统的丧失和退化

对海滩生境来说最严重的威胁是海滩的侵蚀和退化。目前海滩退化有众多原因，如海平面上升、地面沉降、陆地和海洋沉积物资源的损失、风暴潮增多以及人工构造物和其他人类干扰。针对不同的地区，引起海滩侵蚀的主控因子或因素是不同的。就全球而言，一般认为海平面的绝对上升是引起海滩侵蚀的一个重要因素。此外，沿海娱乐场所、沿海防护工程等人类活动将继续破坏海滩，在发展中国家更为明显。娱乐性活动难免存在践踏和车辆使用等情况，此类活动会破坏植被或干扰雏鸟和海龟的正常繁衍生存。此外，海滩生物也会因油污染、需要机械去除的海滩垃圾而被严重破坏。人类在其他方面的利用，如采矿、地下水开采、放牧、军事的利用和垃圾处理等都可能引起海滩局部生境的丧失和破坏。

## 四、海滩生态系统的修复技术和方法

海滩生态系统修复需要通过对海滩植被进行修复并进行海滩养护沉积物回填来实现。二者中，海滩回填对海岸环境影响较小，在国际上逐渐成为海岸防护、沙滩保护的主要方式。海滩回填已经成为一种常见的海岸防护措施，德、法、西、意、英、日等国家也都进行过大量的海滩回填工作。

## （一）海滩回填养护

海滩养护、补给或修复是指将沉积物输入一个海滩以阻止进一步的侵蚀并为实现海洋防护、娱乐或更少有的环境目的而重建海滩。在一个侵蚀性的海滩环境中，海滩养护需要对前景进行预测，这是一个循环的过程，而在其他的地点可能一次实施就足够了。回填物可以来源于相连的沙滩、近岸的区域或内地，并沿着沙滩的外形堆积在许多地方。

人造海滩的轮廓有别于天然斜坡，对建立鹅卵石海滩植被来说天然的斜坡是至关重要的，因为它可以降低发生剧烈侵蚀从而破坏新建立的最易受到干扰的植被的可能性。养护方案设计，不应该是在一个大的连续的养护区域，而应该在不受干扰的沙滩上设置若干个散置的小回填场点，从而加速底栖动物的再度"定居"。

在养护之前应评价自然海滩的粒径分布，从而决定填充材料的规格。为了避免压实海滩从而威胁到底栖动物的生存，所以不能使用含细沙和淤泥（直径小于0.15mm）的填充材料（即使本土的海滩基底具有类似的粒径分布）。大多数的填充物是从近岸的海洋挖掘出来的，但是陆地沉积物的使用也取得了成功。

根据海滩养护计划的监测结果，建造方法是决定海滩表面密实度的关键因素。使用抽水泵抽取沉积物，并以泥浆的形式传送到养护场点比用挖掘斗提取沉积物再用一个传送带送到海滩的方法更能生产出密度大的海滩基底。尽管一个密实的海滩表面能够延长海滩养护计划的寿命，但用传送带方法生产的比较疏松的沉积物更有生态意义，尤其是在海龟筑巢或其他的动物可能会受到密实海滩表面的危害的地方。在英格兰的南海岸进行的鹅卵石海滩的养护由于在基底中使用了细颗粒材料，导致新建海滩的渗透性和流动性都不如原来的海滩。所以工作人员要指定使用适当粒径分布的填充物并选择合适的养护方法来避免建造过于密实的海滩表面。

物种操作的时间和生物周期是决定海滩养护对动物区系影响的重要因素。例如，贝壳、岩蛤冬天迁移到大陆架海面，春天再迁移回潮间带。所以如果养护的操作在春天进行就有可能阻碍它们的返回，导致整个季节中成年蛤的缺失。养护的操作对一些始终生活在海滩上的物种（包括很多片脚类动物）来说，无论时间安排如何，它们都将受到相当大的影响，而对一些靠浮游的幼虫在春天传播并定居的物种造成的损害能很快地修复。所以，海滩养护的操作应当在冬天进行，在去海面上越冬的成年动物返回之前以及春天浮游的幼虫定居前完成，当然海滩养护操作也应当避免在鸟类和海龟筑巢的时候进行。

在海滩养护中，由于风力的搬运使用细沙会给附近的沙丘带来间接的影响。然而，养护中的沉积物较天然的海滩沙更难被风搬运。

### （二）改善植被

1. 打破种子休眠

许多海滩植物种子普遍具有继发性和先天性休眠特征，这是阻碍植被修复的一个重要因素。因此，对种子发芽和解除种子休眠的方法有所了解对于海滩植被的修复很有必要。有些物种不适于直接播种，因此需要对种子在适当的条件下进行无性繁殖或是进行培养。一些如海洋旋花类的植物和海豌豆类植物的物种，种子外皮需要人为刻伤或软化，然后进行人工培养后种植。

2. 适宜的颗粒大小

在鹅卵石海滩上，基底组成是种子发芽、幼苗的成活、容器种植植物生长及繁殖力的主要决定因素。在非常粗糙的基底上，种子被埋得太深以至于不能成功地生长出来。而且，基底保持营养成分和水分的能力较差，成年植物和幼苗的成活率都非常低。相对于鹅卵石海滩，沙质海滩的颗粒大小对植被建立的重要性要小得多。

3. 植被的结构和组成

滨海植被经常作为先锋沙丘植被来修复，主要是因为它能促进沙子和有机物质在海滩上的沉积。然而，有些一年生滨海植物，如猪毛菜容易被海水散播，并在一个季节内自然迁移。在美国加利福尼亚的西班牙湾海滩植被的修复中，猪毛菜虽然是外来种，但是由于它可以迅速成活并能固定沙子却不具有入侵性或竞争性，常被用作最初的先锋种。

4. 繁殖体来源

有证据表明海滩植物的种子能被海水远距离传播，重要的是种子或无性繁殖体的片段能够从附近未受到干扰的地区迁移到被修复的海滩。本地的种子能够很容易地繁殖滨海植物，鹅卵石沙滩上的可发芽种子库非常小，很大程度上是种子自身的休眠所引起而不是缺少繁殖体所致。一些场所自身的特性因素决定了附近的区域能够提供适宜繁殖体的能力，如适宜的植被、盛行风向和潮流。

## 第四节 海岸沙丘生态系统的修复

### 一、海岸沙丘生态系统的特征

海岸沙丘是由风和风沙流对海岸地表松散物质的吹蚀、搬运和堆积形成的地貌形态。

内陆沙漠和海岸沙丘虽同属风成环境，但海岸沙丘形成于陆、海、气三大系统交互作用的特殊地带，相比于内陆沙漠，其在风沙的运动特征上既有一定的特殊性又有一定的相似性。

海岸沙丘主要形成在沉积作用大于侵蚀作用的地方。海岸沙丘的形成条件包括沙源、风力、湿度、植被、海岸宽度与类型等，但各地海岸沙丘形成条件的差异较大。强劲的向岸风、充沛的沙源是海岸沙丘发育的两个重要条件。

海岸沙丘的沙源主要是海岸侵蚀物、海流沙质沉积物和海底沙质沉积物，海滩沙是海岸风沙的直接沙源。当沙子被冲刷到海岸上以后，它的运动会受到海滩倾斜度、沙丘高度、海岸线的方向、海滩宽度以及当地地形地势的影响。

沙源供应的速率和规模对海岸沙丘的形成影响较大，沙源不足时主要形成小型影子沙丘和沙席（一个比较宽广平坦的或微波状起伏的风沙堆积区，其风成沙厚度较小，且自海向陆逐渐变薄，沙体无层理或具微平行层理）等；沙源供应中等水平时则会形成风蚀坑、沙席和迎风坡与背风坡极不对称的前丘等；沙源丰富时多形成前丘且增长速度快。

海岸沙丘沙粒的起动速度明显地受颗粒的黏结力（沙粒水分含量、黏粒含量、地表盐结皮等）、沙粒特征（沙粒粒径、分选性、形态、重矿物含量、贝壳含量等）、海滩或地表坡度、植被条件、向岸风与岸线夹角等诸多因素的影响。此外，沙粒的水分含量也是至关重要的。

沙丘上的植被在保持沙丘稳定和沙丘的形成中起了很重要的作用。沙丘草能够把沙子聚集在自己的叶子周围，另外它还能够穿透不断增厚的沙层生长，这些都能影响沙丘的形成。沙丘草可减少风对沙丘的侵蚀，同时可增加沙丘背风面的增长。总之，沙丘先快速向上增长，当达到 5 ~ 10m 时，增长速度减慢。沙丘的高度因天气、沙子来源及其所处地形不同而不同。

大风、高蒸发作用、沙子的运动（沙子的增长和侵蚀）、盐度和效用有限的大量营养元素都能影响沙丘的生态过程。而沙子的运动被看作是影响沙丘上植被分布的最重要因素。

海洋的盐分（主要是氯化钠）限制植物在海岸沙丘上的分布。沙丘能快速排水，所以海水在沙丘上的长期泛滥很少见。沙丘一般不是持续很长一段时间，而是偶尔暴露在盐分中。只有那些最耐盐的植物才能够生长在海岸和前丘上。盐分飞沫是植物在海岸沙丘上生长的一个限制性因素。能够忍受盐分飞沫的沙丘植物在进化过程中，其上表皮形成了一种具有保护作用的蜡膜。海岸沙丘中较低含量的氮和磷元素也限制植物生长。

营养物质输入海岸沙丘生态系统中主要取决于土壤中的固氮微生物、大气沉积作用的速度以及共生固氮植物种通过海水和有机碎片的输入。氮损失的途径有反硝化作用、（过滤）流失以及垃圾排放。磷也是沙丘生态系统的限制性营养物质，尤其是在低 pH 的地方。

沙丘不仅含营养物质少，对营养的保持也很差。

沙丘上的植物幼苗对沙子增长的敏感反应表现在生物量上。例如，薰衣草的幼苗以及沙茅草对被沙埋所做出的反应是将生物量分配给芽（减少根部所占的质量比例），以及叶（更长的叶子）的生长。沙丘上植物不仅对沙子的增长表现出各种形态上的适应，还会有不同的生理学上的反应。例如，美洲沙滩草和沙芦苇在从沙埋中暴露出之后，其光合作用吸收二氧化碳的速度加快。

## 二、海岸沙丘生态系统的功能

海岸沙丘对风和海浪的影响起到缓冲的作用，对海岸防卫非常有价值，能够在沙子淹没附近田地之前固沙并且为海滩提供沙源。沙丘被看作是有重要遗产价值的自然生境，具有丰富的物种和种群，这种生物多样性使得海岸沙丘具有较强的抵御人为干扰和自然的能力，并形成具有独特娱乐价值的景观。

沙丘生态系统内的各种地形支持高度的生物多样性（包括在地面筑巢的鸟类），且海岸沙丘中有大量的特产植物。

## 三、海岸沙丘生态系统受损的原因

沙丘是脆弱的生态系统，很容易退化、毁坏。涨潮、飓风和暴风雨等自然干扰都可以造成它的退化，飓风甚至可以缩小海岸沙丘的面积。沙丘往往需要 5 ~ 10 年的时间才能从猛烈的干扰中修复。海岸植物的分布状态也和自然干扰有关。除了自然干扰，海平面上升也威胁沙丘生态系统。

人类活动，如燃烧、森林砍伐、耕作、过度放牧以及无节制的开发和休闲等活动都会造成沙丘植物活力下降，从而对整个生态系统构成威胁。海岸沙丘一般是开放生境，因而容易受到外来种的入侵，外来种能够改变沙丘的功能甚至组成。

## 四、海岸沙丘生态系统修复的技术和方法

固沙是沙丘生态系统修复的首要步骤，只有使沙丘固定之后，才能进行植物的重建和修复。否则，植物会被沙丘掩埋而导致死亡，使沙丘修复失败。固沙有生物固沙和非生物固沙两种，生物固沙需要和生物修复计划结合进行。

### （一）生物固沙

在进行沙丘修复之前需要了解沙丘土壤的性质，因为它们决定植被类型。对被挖掘的沙子进行海滩供给是长期维持受侵蚀海岸的一种方法。通过海滩供给而增加的沙子需要在

修复进行之前处置。对沙丘土壤的处置包括添加化学物质以改变酸度、脱盐作用以及添加营养物质。

沙丘修复应使用本土物种，避免外来种。外来种由于在本土生境中通常缺少捕食者和病原体来限制其生长，会改变本地生态系统功能，阻碍本地种的生长。对修复场点的长期管理包括控制和根除外来种。

使用快速生长的植物来固定沙丘是合理的，但是这也会引起对本地植物种的竞争或促进本地植物种的建立。这就需要工作人员对用于修复的本地植物要有深入的了解，比如种子的形成、发芽、幼苗的生长以及成熟体的相关问题等。

根据原生生境进行的修复需要进行长时期的管理，这包括：通过合理施用肥料保持沙丘草的旺盛生长，控制外来种入侵，引入有益物种以维持演替。为了促进演替，在海岸沙丘的修复过程中要不断地引入物种。引入物种要注意对引进种的控制，例如，沙棘的生长可以通过土壤线虫来控制。将线虫引入沙棘的根围（指在土壤中的围绕植物根系的一个区域）中就能控制其种群。建立固沙植物只是第一步，此后还要移植其他物种固定沙子。

进行海岸沙丘生态修复时通常需要考虑如下因素：所需沙子的类型，沙子的可用性（场点是否有足够的沙子，或是否需要运输），原来沙丘系统的位置和形状，可用资金，前沙丘的位置，残余沙丘的性质。同时，在修复之前评价各种沙丘植物种对肥料的吸收很重要。肥料的类型取决于物种，添加氮肥对沙丘草很重要，添加磷肥的反应则有所不同，在某些情况下无法观察到生长的增加。根据地点和季节的不同，合适的施肥速率也有所不同。施肥的时间选择很重要，一般与无性繁殖体的移植或种子的播种同时进行或紧随其后进行，从而实现高的成活率和植物的繁茂生长。因为沙丘保持营养的能力很差，快速释放的肥料会很快流失。而慢速释放的肥料具有在一段时间内逐渐释放的优点，但是它通常没有普通的快速释放的配方经济。过度施肥会导致生物多样性下降，促进外来种的建立，还会使草生物量的生产率增加。因此，在对沙丘的长期管理中，应该考虑到肥料对物种间相互作用以及演替过程的影响。

### （二）非生物固沙

可通过使用泥土移动装置，或建造固定沙子的沙丘栅栏来实现沙丘重建。使用沙丘栅栏比用泥土移动设备更经济，尤其是在比较遥远的地区。但是利用沙丘建筑栅栏形成沙丘的速度还取决于从沙滩吹来的沙子的数量。栅栏的材料应当是经济的、一次性的和能进行生物降解的，因为栅栏会被沙子掩盖。使用一种最适宜的、50% 有孔的材料制造栅栏能促进沙子的积累，这样的栅栏在三个月内可以积累 3m 高的沙子。

化学泥土固定器被用于修复场所来暂时固定表面沙子，减少蒸发，并且降低沙子中的极端温度波动，通常在种子和无性繁殖体被移植之后使用。泥土固定器包括有浆粉、水泥、沥青、油、橡胶、人造乳胶、树脂、塑料等。但是用泥土固定器的缺点为：它可能引起污染或对环境有害，且花费高，施用困难，下雨时流失物增加，有破裂的趋向以及在大风天气易飞起，可溶解有害的化学物质。

覆盖物可用来暂时固定沙丘表面，可使其表面保持湿润，且分解时增加土壤的有机物含量。可利用的覆盖物有碎麦秆、泥炭、表层土、木浆、树叶。覆盖物尤其适用于大面积修复，因为可以用机械铺垫。

### （三）使用繁殖体

应在实施修复之前确定使用繁殖体（种子或者无性繁殖的后代）的优势和适宜性。

1. 使用无性繁殖后代

在欧洲，人们很早就尝试过在海岸沙丘种植沙丘植物的无性繁殖体用来固定沙丘，这种方法在苏格兰可以追溯到 14 世纪或 15 世纪。

沙丘上，沙丘草的无性繁殖后代可以从附近的沙丘上用机械或手挖掘。无性繁殖后代的供应场点应当尽可能邻近修复场点以减少运输费用，同时要对整个场点进行施肥以保证无性繁殖后代能够重新生长出来。挖出来的无性繁殖后代可以被直接移植到修复场点或是在移植前先在苗圃生长 1 ~ 2 年。

一个能生育的无性繁殖个体至少要包括叶子，并连有 15 ~ 30cm 的根茎。移植时要注意不要破坏无性繁殖个体的叶子。运输过程中要将其保存在潮湿沙子中。修复场点要事先机械挖好深 23 ~ 30cm 的沟渠。播种完成后，沟渠应填满沙子。

2. 使用种子

因为沙丘植物生产的种子很少，并且群落中生物也通常进行无性繁殖，所以种子的实用性经常成为一个限制因素。沙丘植物种子产量低主要是由于花粉亲和性差、胚胎夭折以及低密度的花穗，施肥可增加花穗密度。

收集种子可用手或特殊的收割机器，后者会给沙丘带来有害的影响。用手收集种子对沙丘影响较小，是收集小群落种子的理想方法。种子被存放之前应进行干燥、脱粒和清洁。修复过程中保持种类遗传多样性非常重要，应尽可能使用适应当地沙丘的物种的种子。一般最好选在种子的休眠期进行播种。可以使用种植机器进行播种，但是在陡峭的山冈上或是较小的修复场点手工播种更好。

大面积修复时使用本地沙丘植物的种子很有效，尤其是在能够机械播种且沙子的增长不是很快的地方。但是当种子的发芽不稳定或幼苗生长很慢时使用种子是不利的。被沙子埋没是危害沙丘上植物的一个主要因素，因此应紧贴沙子表层播种，这样种子发芽后，幼苗能够从沙子中冒出来。种植的最佳位置应使种子能很容易吸收水分，并能感觉到日气温变化。沙丘草的种类不同，植物体的潜能不太一样。机械播种可用普通的种子钻孔来实现，通常播种在春天或秋天完成，在播种完成之后要用履带式拖拉机使修复场点加固。

快速发芽对修复很有益。沙丘草的种子通常表现出休眠状态，对种子进行一段时间低温预处理能够减轻种子休眠，其他的促进休眠种子发芽的方法涉及对种子进行激素处理等。法国海岸沙丘的修复中人们就采用加斯科尼当地海岸松进行固沙造林，在大片海岸沙丘上结合枝条沙障（在近海岸流沙严重地段，竖起低级立式栅栏沙障以阻止沙丘前移，沙障完全按背风向落沙坡形状设计）进行直播造林。

# 第九章　农村水环境生态治理修复

## 第一节　污染源头控制利用模式及技术

源头控制治理技术主要分为农业面源污染源头控制、生活污染源头控制、养殖污染源头控制等。此类技术以人体排放、畜禽养殖、农业生产排出的营养物质及能量和农业生产、农村生态环境修复等所需营养物质之间的供需自然平衡为目的，最大限度地降低污水中的污染物浓度。

### 一、农药、化肥污染源头控制

#### （一）农药污染源头控制

1. 农药对生态环境的污染

在科学发展的今天，农药对生态环境的污染尤为严重。这是为什么呢？其中就包括了一个从量变到质变的过程。可从本底值标准和农药卫生标准（或生物标准）两方面来理解农药污染。如果污染物的含量超过本底值，并达到一定数值，就称为污染。污染物浓度超过卫生标准或生物标准，一般称之为污染或严重污染。这些都危害人体健康，危害生物并破坏环境。

（1）农药对水环境的污染

水体中农药的来源主要有以下几个方面：向水体直接施用农药；含农药的雨水落入水体；植物或土壤黏附的农药，经水冲刷或溶解进入水体；生产农药的工业废水或含有农药的生活污水等都时刻危害着地表水和地下水的水质，不利于水生生物的生存，甚至破坏水生态环境的平衡。另外，在一些农药药液配制点有不少药瓶和其他包装物，降雨后会产生径流污染，施药工具的随意清洗也会造成水质污染。

（2）农药对土壤的污染

农药进入土壤的途径有三种情况：第一种是农药直接进入土壤。这类农药包括施用的一些除草剂、防治地下害虫的杀虫剂和拌种剂，后者为了防治线虫和苗期病害与种子一起施入土壤，按此途径这些农药基本上全部进入土壤。第二种是为防治病虫害喷洒到农田的各类农药。它们的直接目标是虫、草，目的是保护作物，但有相当一部分农药落于土壤表面或落于稻田水面而间接进入土壤。第三种是随着大气沉降、灌溉水和植物残体进入土壤农药对农作物的影响，主要表现在对农作物生长的影响和农作物从土壤中吸收农药而降低农产品质量。农作物吸收土壤农药的效果主要取决于农药的种类，一般水溶性的农药植物容易吸收，而脂溶性的被土壤强烈吸附的农药植物不易吸收。

除此之外，农药对土壤微生物的影响也是人们关心的，如农药对微生物总数的影响，对硝化作用、氨化作用、呼吸作用的影响。而对土壤微生物影响较大的是杀菌剂，它不仅杀灭或抑制了病原微生物，而且危害了一些有益微生物，如硝化细菌和氨化细菌。随着单位耕地面积农药用量的减少，除草剂和杀虫剂对土壤微生物的影响进一步减弱，而杀菌剂对土壤微生物的副作用会更加成为我们关注的对象。

（3）农药对大气的污染

由于农药污染的地理位置和空间距离的不同，空气中农药的数量分布表现为三个带。第一带是导致农药进入空气的药源带。在这一带的空气中农药的浓度最高，之后由于空气流动，空气中的农药逐渐发生扩散和稀释，并迁离农药施用区。此外，由于蒸发和挥发作用，被处理目标上的农药和土壤中的农药向空气中扩散。由于这些作用，在与农药施用区相邻的地区形成了第二带。在此带中，因扩散作用和空气对流，农药浓度一般低于第一带。但是，在一定气象条件下，气团不能完全混合时局部地区空气中农药浓度亦可偏高。第三带是大气中农药迁移最宽和农药浓度最低的地带。因气象条件和施药方式的不同，此带距离可扩散到离药源数百千米，甚至上千千米远。农药对大气污染的程度还与农药品种、农药剂型和气象条件等因素有关。易挥发性农药、气雾剂和粉剂污染相当严重，残留性强的农药在大气中的持续时间长。在其他条件相同时，风速起着重大作用，高风速增加农药扩散带与药源的距离和进入其中的农药量。

化学农药的大量使用不但造成了土壤、大气和水资源的污染，而且在动、植物体产生了化学农药的残留、富集和致死效应，已经成为破坏生态环境、生物多样性和农业持续发展的一个重大问题，应当给予充分的重视。而如何解决这一问题也成了人们关注的焦点。在农业生产中，应该充分发挥农田生态系统中业已存在的害虫自然控制机制，综合运用农业防治、物理机械防治、生物防治和其他有效的生态防治手段，尽可能减少化学农药的使用。

2. 农药污染源头控制模式

尽管我国实施“预防为主，综合防治”的植保方针以来，在病虫害防治上取得了一定的成效，但控制化学农药对环境污染的任务仍相当艰巨。我们必须实施持续植保，使植保的功能兼顾持续增产、人畜安全、环境保护、生态平衡等多方面的要求，针对整个农田生态系统，研究生态种群动态和相关的环境，采取尽可能相互协调的有效防治措施，充分发挥自然抑制因素的作用，将有害生物种群控制在经济损害水平下，使防治措施对农田生态系统的不良影响减小到最低限度，以获得最佳的经济、生态、社会效益。

（1）建立有害生物防治新思想体系

生物防治是综合治理的重要组成部分，是利用生物防治作用物（天敌昆虫和昆虫病原微生物）来调节有害生物的种群密度，通过生物防治维持生态系统中的生物多样性，以生物多样性来保护生物，使虫口密度持续地保持在经济所允许的受害水平以下。传统有害生物控制主要依靠抗病、虫品种植物检疫，耕作栽培制度以及物理化学防治等措施。从持续农业观念看，有害生物防治应在更高一级水平上实现，其中包括抗病、虫基因植物的利用，病、虫、草害生态控制，生物抗药性的利用，等等。

（2）大力发展植物源农药

植物源农药具有在环境中生物降解快、对人畜及非靶标生物毒性低、虫害不易产生抗性、成本低、易得到等优点，尤其是热带植物中含有极具应用前景的植物源害虫防治剂活性成分，现已发现楝科植物中至少有 10 个属的植物对虫有杀灭活性作用，因此是潜在的化学合成农药的替代物。在克服害虫的抗药性及减少环境污染方面，植物源农药具有独特的优势，近几年来国内植物性农药产品的开发发展很快，先后有鱼藤精、硫酸烟碱、油酸烟碱、苦参素等小规模工业化生产。

（3）研究开发有害生物监测新技术

要在植物病原体常规监测方法中的孢子捕捉、诱饵植株利用、血清学鉴定基础上开展病原物分子监测技术的研究，采用现代分子生物学技术监测病原物的种、小种的遗传组成的消长变化规律，为病害长期、超长期预测提供基础资料。对害虫的监测也可利用现代遗传标记技术监测害虫种群迁移规律。对于杂草，应充分考虑到杂草群落演替规律，分析农作物—杂草，杂草—杂草间的竞争关系。另外，还应考虑使用选择性除草剂对杂草群落造成的影响，对杂草的生态控制进行研究。

（4）建立有害生物的超长期预测和宏观控制

为适应农业的可持续性发展，预测、预报应对有害生物的消长变化做出科学的判断，也就是要对有害生物消长动态实施数年乃至数十年的超长期预测。要在更大的时空范围内进行预测和控制，其理论依据不只是与有害生物种群消长密切相关的气候因子，亦包括种植结构、环保要求、植保政策以及国家为实现农业生产持久稳定发展所制定的政策措施。

（5）建立控制有害生物的长期性和反复性思想

自有人类栽培农作物历史以来，植物病、虫、草害无时无刻不制约着农产品的产量和品质，而品种抗病性的丧失、有害生物抗药性的产生、有害生物演替规律难以预料，以及病虫防治要求作物遗传多样化和生产栽培、商贸加工要求的品种单一化的矛盾等技术问题一直未能解决。同时，一部分已被控制的有害生物在放松防治或环境条件改变后又会发生危害，如大豆灰斑病在20世纪60—90年代的四次大流行，20世纪60年代大面积发生的小麦腥黑穗病在90年代又造成巨大危害，20世纪80年代初期猖獗一时的草地螟在1998年和1999年春夏季再度发生。交替变化的趋势的事实都说明了植物病、虫、草害防治工作的长期性和反复性，因此，植保工作要适应农业生产条件、生态环境、环保要求等的改变而变化，要树立持续的思想，在新形势下控制有害生物的危害。同时，逐步建立科学完善的与持续农业发展方向相适应的植保技术支持体系和稳定的植保科技队伍，为在更高水平上保证农业生产持续、健康、稳定的发展做贡献。

### （二）化肥污染源头控制

1. 化肥对环境的污染

（1）化肥对大气的污染

化肥对大气的污染是化肥本身易分解挥发及施用方法不合理造成的气态损失。常用的氮肥如尿素、硫酸铵、氯化铵和硫酸氢铵等铵态氮肥，在施用于农田的过程中，会发生氨的气态损失；施用后直接从土壤表面挥发成氨气、氮氧化物气体进入大气中；很大一部分有机、无机氮形态的硝酸盐进入土壤后，在土壤微生物反硝化细菌的作用下被还原为亚硝酸盐，同时转化成二氧化氮进入大气。此外，化肥在储运过程中的分解和风蚀也会造成污染物进入大气。氨肥分解产生挥发的氨气是一种刺激性气体，会严重刺激人体的眼、鼻、喉及上呼吸道黏膜，可导致气管、支气管发生病变，使人体健康受到严重伤害。高浓度的氨也影响作物的正常生长。氮肥施入土中后，有一部分可能经过反硝化作用，形成了氮气和氧化亚氮，从土壤中逸散出来，进入大气。氧化亚氮到达臭氧层后，与臭氧发生作用，生成一氧化氮，使臭氧减少。由于臭氧层遭受破坏而不能阻止紫外线透过大气层，强烈的紫外线照射对生物有极大的危害，如使人类皮肤癌患者增多等。

（2）化肥对土壤的污染

一是增加土壤重金属和有毒元素。重金属是化肥对土壤产生污染的主要污染物质，进入土壤后不仅不能被微生物降解，而且可以通过食物链不断在生物体内富集，甚至可以转化为毒性更大的甲基化合物，最终在人体内积累，危害人体健康。土壤环境一旦遭受重金属污染，就难以彻底消除。从化肥的原料开采到加工生产，总是给化肥带进一些重金属元素或有毒物质，其中以磷肥为主，我国目前施用的化肥中，磷肥约占20%，磷肥的生产原料为磷矿石，它含有大量有害元素 F 和 As，同时磷矿石加工过程还会带进其他重金属，如 Cd、Hg、As、F，特别是 Cd。另外，利用废酸生产的磷肥中还会带有三氯乙醛，会对作物造成毒害。所以，对用重金属含量高的磷矿石制造的磷肥要慎重使用，以免导致重金属在土壤中的积累。二是导致营养失调，造成土壤硝酸盐累积。目前，我国施用的化肥以氮肥为主，而磷肥、钾肥和复合肥较少，长期这样施用会造成土壤营养失调，加剧土壤磷、钾的耗竭，导致硝态氮累积。硝酸根本身无毒，但若未被作物充分同化可使其含量迅速增加，摄入人体后被微生物还原为亚硝酸根，使血液的载氧能力下降，诱发高铁血红蛋白症，严重时可使人窒息死亡。同时，硝酸根还可以在体内转变成强致癌物质亚硝胺，诱发各种消化系统癌变，危害人体健康。三是促进土壤酸化。长期施用化肥会加速土壤酸化，这一方面与氮肥在土壤中的硝化作用产生硝酸盐的过程相关，当氨态氮肥和许多有机氮肥转变成硝酸盐时，释放出氢离子，导致土壤酸化；另一方面，一些生理酸性肥料，比如磷酸钙、硫酸铵、氯化铵，在植物吸收肥料中的养分离子后土壤中氢离子增多，许多耕地土壤的酸化与生理性肥料长期施用有关。同时，长期施用氯化钾因作物选择吸收所造成的生理酸性的影响，能使缓冲性小的中性土壤逐渐变酸。土壤酸化后可加速钙、镁从耕作层淋溶，从而降低盐基饱和度和土壤肥力；四是降低土壤微生物活性。土壤微生物是个体小而能量大的活体，它们既是土壤有机质转化的执行者，又是植物营养元素的活性库，具有转化有机质、分解矿物和降解有毒物质的作用。施用不同的肥料对微生物的活性有很大影响，我国施用的化肥以氮肥为主，而磷肥、钾肥和有机肥的施用量低，这会降低土壤微生物的数量和活性。

（3）化肥对水体的污染

一是对地表水的污染。农业生产中施用的氮肥、磷肥会随农田排水进入河流湖泊，水田中施用的化肥会随排水直接进入水源；旱田中施用的过多的氮肥、磷肥，会随人为灌溉和自然界暴雨冲刷形成地表径流进入水体，使地表水中营养物质逐渐增多，造成水体富营养化，水生植物及藻类大量繁殖，消耗大量的氧，致使水体中溶解氧下降，水质恶化，生物生存受到影响，严重时可导致鱼类死亡；同时，形成的厌氧性环境使好氧性生物逐渐减少甚至消失，厌氧性生物大量增加，改变水体生物种群，从而破坏水环境，影响人类的生产生活。二是对地下水的污染。主要是化肥施用于农田后，发生解离，形成阳离子和阴离子，一般生成的阴离子为硝酸盐、亚硝酸盐、磷酸盐等，这些阴离子因受带负电荷的土壤胶体和腐殖质的排斥作用而易向下淋失；随着灌溉和自然降雨，这些阴离子随淋失而进入地下水，导致地下水中硝酸盐、亚硝酸盐及磷酸盐含量增高。硝氮、亚硝氮的含量是反映地下水水质的一个重要指标，其含量过高则会对人畜直接造成危害，使人类发生病变，严重影响身体健康。

2. 化肥污染源头控制模式

（1）加强污染防治技术培训及推广体系建设

以肥料为主的农业面源污染具有分布面广、排放量大、涉及千家万户的特点，治理农业面源污染必须依靠广大农村基层干部、群众的广泛参与。第一，各级农业部门要发挥职能部门的作用，广泛利用各种媒体、渠道，加强对治理农业面源污染的宣传和教育，普及污染防治知识，消除基层干部、农技推广人员及群众存在的模糊认识，使农民群众了解农业面源污染的现状、途径和严重危害性，增强防治污染的自觉性、主动性；第二，加强技术培训，有计划分层次地开展对农民的技术培训及信息培训，使他们尽快掌握农业面源污染防治的知识和技能，为防治工作的开展提供足够的技术支持；第三，加强农民专业技术组织体系的建设，发展农业种植业专业户，提高种植业效益，促进农业技术推广和应用。

（2）增施有机肥

有机肥是我国传统的农家肥，包括秸秆、动物粪便、绿肥等。施用有机肥能够增加土壤有机质、土壤微生物，改善土壤结构，提高土壤的吸收容量，增加土壤胶体对重金属等有毒物质的吸附能力。各地可根据实际情况推广豆科绿肥，比如实行引草入田、草田轮作、粮草经济作物带状间作和根茬肥田等形式种植。另外，作物秸秆本身含有较丰富的养分。因此，推行秸秆还田也是增加土壤有机质的有效措施。从发展来看，绿肥、油菜、大豆等作物秸秆还田前景较好，应加以推广。

（3）推广配方施肥技术

配方施肥以养分归还学说、最小养分律、同等重要律、不可替代律、肥料报酬递减律等理论为依据，遵循土壤、作物、肥料三者之间的依存关系，以肥料与综合农业技术相配合为指导原则，产前确定施肥的品种、数量、比例以及相应的科学施肥技术，实现高产、优质、高效、土壤培肥、提高化肥利用率、保护生态环境的综合目标。配方施肥技术是综合运用现代化农业科技成果，根据作物需肥规律、土壤供肥性能与肥料效应，在以有机肥为主的条件下，提出施用各种肥料的适宜用量和比例及相应的施肥方法。推广配方施肥技术可以确定施肥量、施肥种类、施肥时期，有利于土壤养分的平衡供应，减少化肥的浪费，避免对土壤环境造成污染，值得推广。

（4）采用肥料增效剂

特别是氮肥增效剂，能够抑制土壤中铵态氮转化成亚硝态氮和硝态氮，从而提高氮肥肥效，减少氮素的挥发和淋失。目前，研究得较多的有脲酶抑制剂和硝化抑制剂。脲酶抑制剂是对土壤脲酶活性有明显抑制作用的物质，尿素与氢醌等脲酶抑制剂混配施用，可延缓尿素在土壤中的水解进程，从而减少氨的挥发和毒害作用。硝化抑制剂能延缓或抑制土壤中氨的硝化作用，可减少氮的淋洗和反硝化损失，还可降低蔬菜等农产品中硝酸盐和亚硝酸盐的含量，改善食物品质，保护生态环境。

（5）改进耕作方式和水肥综合管理技术，提高肥料利用率

采用化肥深施技术，即基肥在秋季要采用边耕翻边施肥的方法进行深施。通过机具将化肥按农艺配方要求施于 8 ～ 10cm 深的土壤中，将作物种子同步播在化肥上面，使化肥与种子间有 3cm 左右的隔离层，不仅避免了烧种烧苗现象，而且减少了化肥挥发损失，提高了肥料利用率，从而有效降低了氮、磷向水体的迁移量和 $N_2O$ 向大气的排放量。

（6）开发和应用新型肥料

如高效控释肥、微生物肥料、有机－无机复合肥等。如何在大量施肥获得高产的同时，减少及消除污染，已成为我国肥料科技创新的重大课题。控释肥可以根据作物对养分的需求特性供给肥料中的营养成分，控释肥养分释放速度可以通过物理、化学以及生物技术手段来调控，实现促释或缓释的双向调节，缓急相济，是可以实现纵向平衡的一种新型肥料。因而，它可大幅提高肥料利用率，同时减少养分流失导致的面源污染，是一种实现农业清洁生产的绿色肥料。通过包膜和非包膜等技术途径开发中国特色的高效低成本控释肥，广泛使用控释肥能有效地减少氮、磷等养分的淋失，对农业面源污染进行源头治理，有明显的经济效益和生态效益。发展生物复合肥料，将无机化肥的速效、有机肥的长效和生物肥料的增效作用完美地结合起来，构成的生物复合肥可提高化肥利用率，达到充分利用土壤潜力、保持生态平衡和增加产量的目的。产品兼有无机肥和有机肥的优点，可实现有机－无机平衡、中微量元素平衡。生物有机肥缓急相济，长短结合，集用地养地于一身，不仅提高了自然资源的利用率，消除了废弃物的直接污染和大量施用化肥的间接污染，保护了生态环境，而且有机肥的施用还可促进自然物质的生态循环，培肥地力，使土地资源得到持续高效利用。

## 二、农村生活污染源头控制

### （一）加强农村生活垃圾的管理

第一，加大环保宣传的力度，充分发挥新闻媒体和社会舆论的导向作用，提高农民对卫生保洁重要性的认识，使其克服随处扔垃圾的习惯。要让群众积极、主动地参与环境卫生整治及卫生监督管理。特别是要发挥妇女的卫生清洁和老人的监督管理作用，形成群策群治的良好氛围。

第二，充分调动村级班子的积极性，增强村干部环境整治的责任感，让村干部认识到搞好农村环境卫生，是为民办实事、建设和谐新农村的主要内容，是一项上下关注的大事。

第三，严格执行《农村生活污染控制技术规范》，在农村逐步推行生活垃圾袋装化，实行生活垃圾集中堆放，采取“村收集、镇中转、集中处置”的运行机制，改变农村生活垃圾随处乱倒的陋习。

第四，加大“脏、乱、差”治理力度。逐步完善村镇污水、垃圾处理系统，建设中心镇和重点乡镇生活污水集中处理工程，防止城镇污水污染。

### （二）建立适合农村的生态卫生系统

对人粪尿、厨余等农村生活污染源进行更生态、更经济的无害化处理，达到营养物质的农业资源再利用，减少后续污水处理的能耗。农村在人粪尿的资源化过程中存在两个方面的问题：一是生态农业的发展，需要人粪尿的还田，以改善土壤性能，减少化学肥料的危害；二是传统的粪便农用过程，缺少对粪便有效的无害化处理，造成肠道等疾病的传播，加上一些水冲式厕所冲走粪便，造成粪便农用率的降低。解决这些问题的有效措施就是推广应用生态厕所。这种厕所安全卫生，节约水资源，能够实现变废为宝。粪尿分离式厕所对旱厕有很好的替代价值，解决了旱厕粪尿混合带来的无害化处理难的弊端。对于已使用了水冲式厕所的农户，可以改建成沼气生态厕所：将人畜粪便和厨房有机垃圾及农作物秸秆破碎后，一同在沼气池中处理，产生的沼气可作为能源供家庭使用，沼渣、沼液可用于农田、果林、菜地等。此种技术在国内较典型的应用是南方推广的人畜—沼气—果树模式、北方推广的人畜—沼气—蔬菜—大棚模式，这两种模式都能把污染的治理和农业生产有机地结合起来，实现物质能量在农村内部的闭路生态循环利用。

### （三）大力推广卫生填埋和高温堆肥垃圾处理技术

1. 垃圾处理的主要方法

（1）填埋法

根据工艺的不同，分为传统填埋法和卫生填埋法两类。传统填埋法实际上是在自然条件下，利用坑、塘、洼地将垃圾集中堆置在一起，不加掩盖，未经科学处理的填埋方法；卫生填埋法是采取工程技术措施，防止产生污染及危害环境土地的处理方法。垃圾填埋历史久远，是普遍采用的处理方法。因为该方法简单、投资省，可以处理所有种类的垃圾，所以世界各国广泛沿用这一方法。从无控制的填埋，发展到卫生填埋，包括滤沥循环填埋、压缩垃圾填埋、破碎垃圾填埋等。

填埋法处理量大，方便易行，投资省，是我国目前处理城市垃圾的一种主要方法。但此法的缺点是填埋后易造成二次污染（污染地下水源），被填埋的垃圾发酵产生的甲烷气体易引发爆炸等，还占用大量农田面积，垃圾填埋场周围的臭气等严重影响大气环境。

（2）堆肥法

堆肥是我国、印度等国家处理垃圾、粪便和制取农肥的最古老技术，也是当今世界各国均在研究利用的一种方法。堆肥是使垃圾、粪便中的有机物，在微生物作用下，进行生物化学反应，最后形成一种类似腐殖质土壤的物质，用作肥料或改良土壤。堆肥法就是把城市垃圾运到郊外堆肥厂，按堆肥工艺流程处理后制作为肥料，其成本低、产量大。由于经济实用的化肥大量普及，堆肥量大，劳动强度大，其市场越来越小。根据堆肥原理，可分为厌氧分解与好氧分解两种。厌氧分解须在严格缺氧条件下进行，厌氧微生物分解生长较慢，故不多用。好氧分解过程可同时产生高温，可以杀灭病虫卵、细菌等，我国主要采用好氧分解法。

堆肥技术的工艺比较简单，适合于易腐有机质含量较高的垃圾处理，可对垃圾中的部分组分进行资源利用，且处理相同质量垃圾的投资比单纯的焚烧处理大大降低。堆肥技术在欧美国家起步较早，目前已经达到工业化应用的水平。

（3）焚烧法

焚烧是指垃圾中的可燃物在焚烧炉中与氧进行燃烧的过程。实质是碳、氢、硫等元素与氧的化学反应。垃圾焚烧后，释放出热能，同时产生烟气和固体残渣。热能要回收，烟气要净化，残渣要消化，这是焚烧处理必不可少的工艺过程。焚烧处理技术的特点是处理量大，减容性好，无害化彻底，焚烧过程产生的热量用来发电可以实现垃圾的能源化，因此，是世界各发达国家普遍采用的一种垃圾处理技术。通过焚烧可以使可燃性固体废物氧化分解，达到去除毒性、回收能量及获得副产品的目的。几乎所有的有机废物都可以用焚烧法处理。对于无机–有机混合性固体废物，如果有机物是有毒有害物质，最好采用焚烧法处理。焚烧法适用于处理可燃物较多的垃圾。采用焚烧法，必须注意不造成空气的二次污染。日本以及欧洲的瑞士、瑞典等国在一般焚烧法基础上，还发展了高温与中温分解，使垃圾在1650℃以上的高温下基本或完全燃烧，并回收释放的能量作为能源。焚烧是销毁垃圾利用热能的一种垃圾处理技术。但是，只有对那些不能回收有价物，只能回收热能的垃圾，垃圾焚烧处理才是科学、合理的。

焚烧处理的优点是减量效果好（焚烧后的残渣体积减少 90% 以上，质量减少 80% 以上），处理彻底。但是，根据美国的报道，焚烧厂的建设和生产费用极为昂贵，在多数情况下，这些装备所产生的电能价值远远低于预期的销售额，给当地政府留下巨额亏损。另外，由于垃圾含有某些金属，焚烧具有很高的毒性，会产生二次环境危害。焚烧处理要求垃圾的热值大于3.35 M J/kg，否则，必须添加助燃剂，这将使运行费用提高到一般城市难以承受的地步。

2. 各种垃圾处理方法的缺陷

（1）填埋处理

填埋处理埋掉了可利用物，填埋场地的选择越来越困难，运输、填埋、管理等费用也不断提高。填埋场占地面积大，同时存在严重的二次污染，例如垃圾渗出液会污染地下水及土壤，垃圾堆放产生的臭气严重影响场地周边的空气质量。另外，垃圾发酵产生的甲烷气体既是火灾及爆炸隐患，排放到大气中又会产生温室效应，而且填埋场处理能力有限，服务期满后仍须投资建设新的填埋场，进一步占用土地资源。

（2）堆肥处理

此种方法不能处理不可腐烂的有机物和无机物，垃圾中的石块、金属、玻璃、塑料等废弃物不能被微生物分解，这些废弃物必须分拣出来，另行处理，因此减容、减量及无害化程度低；堆肥周期长，占地面积大，卫生条件差；堆肥处理后产生的肥料肥效低、成本高，与化肥相比销售困难，经济效益差，而且引进国外技术投资巨大，不适合我国国情。发达国家由于生活垃圾中的易腐有机物含量大大低于我国的一般水平，因此，靠堆肥只能处理15%左右的垃圾组分，这在一定程度上阻碍了堆肥技术的推广。运用堆肥技术，必须首先将新鲜的垃圾进行分类，再将易腐有机组分进行发酵，才能有效地防止重金属的渗入，从而保证有机肥产品达到国家标准，真正实现无害化和资源化。

（3）焚烧处理

焚烧处理对垃圾低位热值有一定要求，不是任何垃圾都可以焚烧。垃圾中可利用资源被销毁，是一种浪费资源的处理方法，即使回收热能，也只能达到废物一次性再生的目的，无法实现资源的多次循环利用。焚烧产生的大量烟气，带走的热能是一种很大的损失。产生的烟气必须净化，净化技术难度大、运行成本高，焚烧产生的残渣还必须消化。

由于焚烧设备一次性投资大，运行成本太高，因此，目前我国农村垃圾处理应该以卫生填埋和高温堆肥技术为主。

## 第二节 污染过程处理利用模式及技术

在对各种污染源的源头进行有效控制之后，在后续污水资源化的途径中，重点采用的技术路线是建立与生态农业生产、农村生态环境修复保护相结合的物质能量的生态闭路循环。农村水环境污染过程处理利用模式及技术主要有蚯蚓生态滤池系统、土地处理系统、厌氧沼气池处理技术等。

## 一、蚯蚓生态滤池系统

蚯蚓生态滤池系统，采用现代生态设计理念，在污水生物处理反应池中引入蚯蚓等物种，通过微生物和蚯蚓的多种自然调控作用，对污水中的污染物进行转化，实现污泥的减量化和稳定化。该生态治理系统具有投资少、运行维护费用低、占地面积小、资源化程度高等特点。

### （一）蚯蚓在环境污染治理中的应用

目前，我国水污染状况依然严峻，而常规污水处理技术存在基建投资大、运行费用高、维护管理复杂且污水处理效率低等问题，影响水污染治理的进度。由于蚯蚓具有惊人的吞噬能力，且其消化道能分泌蛋白酶、脂肪酶、纤维素酶等多种酶类，对绝大多数有机废弃物有较强的分解作用。蚯蚓这种天生的处理污染物的能力，日益被环保工作者重视。有机废弃物的蚯蚓堆制处理技术是近年发展起来的一项生物垃圾处理技术。国内外很多学者都进行了这方面的探索，并已开发出较为成熟的生产工艺技术。蚯蚓在当今垃圾处理中扮演着越来越重要的角色。利用蚯蚓处理城市生活垃圾工艺简单，不需要特殊设备，还可以促进垃圾资源化的良性循环，实现可持续发展。该技术在处理大量垃圾的同时还能得到大量的蚯蚓及蚯蚓粪。蚯蚓具有很高的经济价值，是一种优质的蛋白饲料，可用作化工原料，还可入药；蚯蚓粪不仅是优良的生物肥，而且是一种良好的生态除臭剂。

蚯蚓土地处理系统是对传统污水土地处理系统的一大改进，它利用蚯蚓穿梭觅食的特性，强化了污染物降解效果，同时蚯蚓粪的特有性质还可以改善土壤的颗粒结构，提高土壤的通透性，提高污水土地处理系统的水力负荷和有机负荷。

### （二）蚯蚓生态滤池构造

蚯蚓生态滤池由布水器、滤料床和沉淀室构成。布水器起到均匀布水的作用，蚯蚓主要活动在滤料层的表层，滤料表面还铺有一定厚度的植物性填料，它能够起到二次布水，缓解水力冲刷对蚯蚓的影响，以及遮光、缓解环境温度剧烈变化的作用，为蚯蚓的正常生存提供保障。进入蚯蚓生态滤池的污水经过蚯蚓等其他生物的吞食、降解和滤池的截流，进入滤池底部的沉淀室进行泥水分离，澄清的上清液作为系统总出水排出。

### （三）蚯蚓生态滤池工作原理

蚯蚓属变温动物，喜欢吞食肥力高的有机腐殖质，喜潮湿和阴暗，其生存温度为3℃～35℃，20℃～25℃是其生存的最适宜温度。最适宜蚯蚓活动的土壤含水量为20%～30%，饲料含水量一般以60%～70%为最佳。如果蚯蚓长期处于浸水状态，就会出现逃逸甚至死亡的现象。广泛应用于环境污染生态治理中的蚯蚓主要为赤子爱胜蚓，该蚯蚓物种繁殖快、趋肥性强，对环境温度及环境湿度的适应范围广。

蚯蚓生态滤池采用现代生态设计理念，创造性地在污水处理反应器中引入蚯蚓物种，延长和扩展了原有的微生物代谢链，强化了生态系统富集与扩散、合成与分解、拮抗与协同等多种自然调控作用。蚯蚓主要以污水中的悬浮物、生物污泥及部分微生物为食料，降解污染物质过程中所产生的蚯蚓粪及蚯蚓磨碎的大块有机物，有利于微生物的生长繁殖。正是蚯蚓和微生物的这种协同共生作用，使蚯蚓生态滤床具有污水污泥同步高效处理的能力。蚯蚓在填料中穿梭觅食，能增加滤池的氧含量，改善滤池内污泥积累，防止蚯蚓生存环境恶化；滤床中的蚯蚓粪具有多孔带负电的性质，能吸附污水中的有机物和$NH_4^+$，能提高滤池的硝化能力，保证出水水质和污泥的减量化、稳定化效果。

## 二、土地处理系统

### （一）土地处理系统原理

土地处理系统是利用土地及其中微生物和植物根系对污水进行处理，对污水中的污染物实现净化，同时又利用其中水分和肥分促进农作物、牧草或树木生长，对污水中的氮、磷等资源加以综合利用的工程设施。该技术投资少，运行维护费用低，不仅对各种污染物有较高的去除效率，而且可以实现污水处理与利用相结合的目的。

土地处理系统属于污水自然处理范畴，污水有节制地投配到土地上，通过土壤－植物系统物理的、化学的、生物的吸附、过滤与净化作用和自我调控功能，使污水中可生物降解的微生物得以降解、净化，氮、磷等营养物质和水分得以再利用，促使绿色植物生长并获得增产。土地处理系统的处理类型主要可分为慢速渗滤、快速渗滤、地表漫流、湿地处理、地下渗滤等。

土地处理系统的组成如下：

污水收集与预处理设备：解决泥沙和悬浮物的沉淀、磨损以及堵塞。

污水的调节与储存设备：缓解气候变化引起的水力负荷变动。

配水与布水：均匀分布污水。

土壤及植物系统：土地净化处理的主体。

处理水的收集与利用系统：保证污水土地处理的效果，保护地下水。

监测系统：检查处理效果。

## （二）土地处理系统的净化作用机制

1. 物理过滤

土壤颗粒间的孔隙具有截流、滤除水中悬浮颗粒的性能，要防止悬浮物过多、生物污泥过多引起的堵塞。

2. 物理吸附与物理化学吸附

包括非极性吸附、螯合作用、复合作用、置换吸附等。

3. 化学反应与化学沉淀

重金属离子与土壤的某些组分进行化学反应生成难溶性化合物而沉淀。

4. 微生物代谢作用下的有机物分解

土壤中适合多种微生物生存，生物相丰富，可发挥生物降解作用。

5. 植物吸附与吸收作用

在慢速渗滤土地处理系统中，污水中的营养物质主要依靠作物吸附和吸收而去除，再通过作物收获将其转移出土壤系统。

## （三）污水土地处理系统工艺

1. 慢速渗滤系统

慢速渗滤系统将污水缓慢灌溉至种有农作物的土地表面，其主要利用地表的土壤和植物根系对污水进行净化。与其他土地处理系统不同的是：慢速渗滤系统一般不往外排水，其投配的水量一部分被农作物吸收，一部分由于蒸发而散失，另一部分渗入地下。慢速渗滤系统的设计水流方向需要与地块内地下水水流方向相同。慢速渗滤系统是一种将污水作为资源进行利用的系统，其在处理生活污水的同时可以为地块种植的农作物提供营养，从而获得一定的经济效益。

同时，由于采用了慢速渗滤的设计，水力停留时间长，污水的处理效果非常好，且由于不往外排水，受场地坡度的限制较小。但慢速渗滤系统也存在一些缺点：首先，由于水力负荷小，处理相同量的污水需要的土地量较大，限制了其在地价较高的地区的应用：其次，慢速渗滤系统的处理效率与场地种植的农作物有很大的关系，作物的营养需求及水量需求通常是设计该系统的关键因素，同时也对该系统的处理能力起着限制性作用。

2. 快速渗滤系统

快速渗滤系统是将污水投配到具有良好渗滤性能的土壤中进行处理的。与其他渗滤系统不同的是，该渗滤系统对土壤的渗滤性要求较高，且污染物主要依靠渗滤过程去除。在渗滤的过程中除了发生物理的过滤和沉淀作用外，同时也发生生物的氧化、硝化、反硝化等作用。快速渗滤系统在处理期间通常处于水淹、干化交替进行的过程中，干化期的目的是恢复土壤的好氧环境，这也可加强水往下渗透的效果。快速渗滤系统的优点如下：首先，由于渗滤速度快，停留时间短，其占地面积相对较小，单位面积负荷高；其次，该渗滤系统对氨氮、有机物及悬浮物都具有较高的去除效率，且整套系统投资省，管理简单，运行受季节性影响较小。但快速渗滤系统也存在一些缺点，其对场地土壤条件及水文条件较其他工艺要求高，总氮的去除率低，同时容易造成地下水的污染。

3. 地表漫流系统

地表漫流系统是将污水控制于地表，使其在缓慢流动的过程中得到净化的污水土地处理系统。与其他污水土地处理系统相比，该系统需要在具有缓坡和低渗透性土壤的场地内运行，场地内常以种植牧草为主，由于水力停留时间短且土壤的渗透率低，污水因蒸发和渗漏而损失的部分较少，大部分污水经过处理后汇入排水沟中。该处理系统对土壤的渗透性要求较低，处理过程简单且对预处理要求低，适用于多种污水。经过其处理的污水可以达到二级排放标准，处理后的污水也适用于回用。但其容易受到气候和水量的影响，且对坡面设计的要求较高。

4. 地下渗滤系统

地下渗滤系统是指利用预先的埋置将污水投配至一定深度的土层中，污水经过缓慢的渗滤作用得到净化。地下渗滤系统的特点在于其土层需要具有一定的构造和良好的渗透性，通常需要对场地进行人工改造：通过布水管的污水缓慢渗入周围的碎石和沙土层中，在土层中由于毛细管作用进行扩散，同时土壤中的过滤、吸附以及一些生物作用对污水起到净化作用。其作用与慢速渗滤系统类似，同样具有水力停留时间长、处理效果好的特点，且运行简单稳定，氮、磷去除率高。另外，由于是采用地下布水的设计，不会影响地面的景观，可与原来的绿化和生态景观相结合，具有更强的适用性。缺点在于工程建设较复杂，较其他几种系统需要更多的前期投资，且对预处理要求较高，负荷较小，否则容易造成土壤堵塞。

## 三、厌氧沼气池处理技术

### （一）厌氧沼气池原理

厌氧沼气池处理技术是在厌氧条件下，通过厌氧细菌分解、代谢、消化污水中的有机物，使污水中的有机物含量大幅减少，并产生沼气的一种高效的污水处理方式。它将污水处理与无害利用有机结合，实现了污水的资源化。沼气池投资少，成本低，容易维护，适合农民家庭采用。

随着中国沼气科学技术的发展和农村家用沼气的推广，根据当地使用要求和气温、地质等条件，家用沼气池有固定拱盖水压式池、大揭盖水压式池、吊管式水压式池、曲流布料水压式池、顶返水水压式池、分离浮罩式池、半塑式池、全塑式池和罐式池。其形式虽然多种多样，但是总结起来大体是由水压式池、浮罩式池、半塑式池和罐式池四种基本类型变化形成的。与四位一体生态型大棚模式配套的沼气池一般为水压式沼气池，它又有几种不同形式。

### （二）厌氧沼气池类型

1. 固定拱盖水压式沼气池

固定拱盖水压式沼气池有圆筒形、球形和椭球形三种池型。这种沼气池的池体上部气室完全封闭，随着沼气的不断产生，沼气压力相应提高。这个不断增高的气压，迫使沼气池内的一部分料液进到与池体相通的水压间内，使得水压间内的液面升高。这样一来，水压间的液面与沼气池体内的液面就产生了一个水位差，这个水位差就叫作“水压”（也就是U形管沼气压力表显示的数值）。用气时，打开沼气开关，沼气在水压下排出；当沼气减少时，水压间的料液又返回池体内，使得水位差不断下降，使得沼气压力也随之相应降低。这种利用部分料液来回串动引起水压反复变化来储存和排放沼气的池型，就称为水压式沼气池。

水压式沼气池是中国推广最早、数量最多的沼气池，是在总结“三结合”“圆、小、浅”“活动盖”“直管进料”“中层出料”等群众建池的基础上，加以综合提高而形成的。“三结合”就是厕所、猪圈和沼气池连成一体，人畜粪便可以直接打扫到沼气池里进行发酵。“圆、小、浅”就是池体圆、体积小、埋深浅。“活动盖”就是沼气池顶加活动盖板。

水压式沼气池有以下几个优点：①池体结构受力性能良好，而且充分利用土壤的承载能力，所以省工省料，成本比较低；②适于装填多种发酵原料，特别是大量的作物秸秆，对农村积肥十分有利；③为便于经常进料，厕所、猪圈可以建在沼气池上面，粪便随时都能打扫进池；④沼气池周围都与土壤接触，对池体保温有一定的作用。

水压式沼气池也存在一些缺点，主要是：①由于气压反复变化，而且一般在 4 ~ 16kPa（40 ~ 160cm 汞柱）之间变化，这对池体强度和灯具、灶具燃烧效率的稳定与提高都有不利的影响；②由于没有搅拌装置，池内浮渣容易结壳，又难于破碎，所以发酵原料的利用率不高，池容产气率（每立方米池容积一昼夜的产气量）偏低，一般池容产气率每天仅为 $0.15m^3/m^3$ 左右；③由于活动盖直径不能加大，对发酵原料以秸秆为主的沼气池来说，大出料工作比较困难，因此出料的时候最好采用出料机械。

2. 无活动盖底层出料水压式沼气池

无活动盖底层出料水压式沼气池是一种变形的水压式沼气池。该池将水压式沼气池活动盖取消，把沼气池拱盖封死，只留导气管，并且加大水压间容积，这样可避免因沼气池活动盖密封不严带来的问题。无活动盖底层出料水压式沼气池为圆柱形，斜坡池底。它由发酵间、储气间、进料口、出料口、水压间、导气管等组成。

进料口与进料管分别设在猪舍地面和地下。厕所、猪舍及收集的人畜粪便，由进料口通过进料管注入沼气池发酵间。

出料口与水压间设在与池体相连的日光温室内。其目的是便于蔬菜生产施用沼气肥，同时出料口随时放出二氧化碳进入日光温室内促进蔬菜生长。水压间的下端通过出料通道与发酵间相通。出料口要设置盖板，以防人、畜误入池内。

池底呈锅底形状，在池底中心至水压间底部之间，建一 U 形槽，下返坡度 5%，便于底层出料。

其工作原理为：①未产气时，进料管、发酵间、水压间的料液在同一水平面上。②产气时，经微生物发酵分解而产生的沼气上升到储气间，由于储气间密封不漏气，沼气不断积聚，便产生压力。当沼气压力超过大气压力时，便把沼气池内的料液压出，进料管和水压间内水位上升，发酵间水压下降，产生了水位差，由于水压气而使储气间内的沼气保持一定的压力。③用气时，沼气从导气管输出，水压间的水流回发酵间，即水压间水位下降，发酵间水位上升。依靠水压间水位的自动升降，使储气间的沼气压力能自动调节，保持燃烧设备火力的稳定。④产气太少时，如果发酵间产生的沼气跟不上用气需要，则发酵间水位将逐渐与水压间水位相平，最后压差消失，沼气停止输出。

3. 太阳能沼气池

太阳能沼气池主要是靠收集太阳光的热量来提高沼气池发酵温度，从而更好地实现产气。下面介绍一种采用聚光凸透镜的太阳能沼气池，它是一种新型太阳能沼气池，包括发酵集料箱、复合凸透镜、防护罩、太阳能集热板、保温容器、电热转换器、温度传感器、

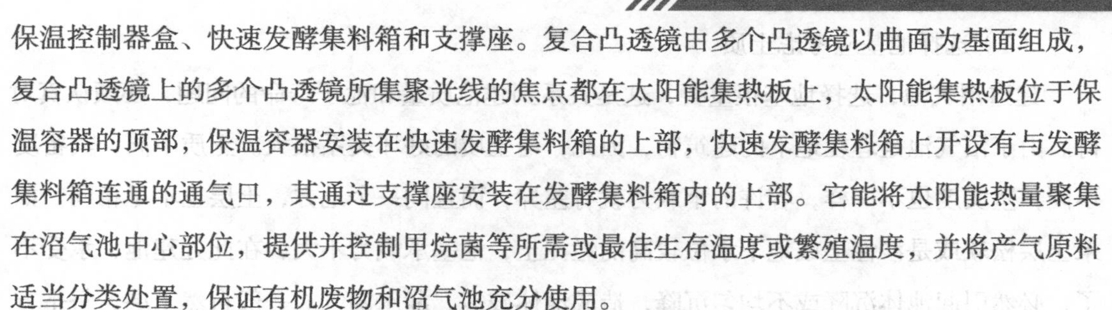

保温控制器盒、快速发酵集料箱和支撑座。复合凸透镜由多个凸透镜以曲面为基面组成，复合凸透镜上的多个凸透镜所集聚光线的焦点都在太阳能集热板上，太阳能集热板位于保温容器的顶部，保温容器安装在快速发酵集料箱的上部，快速发酵集料箱上开设有与发酵集料箱连通的通气口，其通过支撑座安装在发酵集料箱内的上部。它能将太阳能热量聚集在沼气池中心部位，提供并控制甲烷菌等所需或最佳生存温度或繁殖温度，并将产气原料适当分类处置，保证有机废物和沼气池充分使用。

### （三）沼气池的设计

1. 沼气池的设计原理

建造沼气池，首先要做好设计工作。总结多年来科学试验和生产实践的经验，设计沼气池必须坚持下列原则：

（1）必须坚持“四结合”原则

“四结合”是指沼气池与畜圈、厕所、日光温室相连，使人畜粪便不断进入沼气池内，保证正常产气、持续产气，并有利于粪便管理，改善环境卫生，沼液可方便地运送到日光温室蔬菜地里作为肥料使用。

（2）坚持“圆、小、浅”的原则

“圆”，是指池形以圆形为主，池容 6 ~ 12m$^3$，池深 2m 左右。圆形沼气池具有以下优点：第一，根据几何学原理，相同容积的沼气池，圆形比方形或长方形的表面积小，比较省料。第二，密闭性好，且较牢固。圆形沼气池内部结构合理，池壁没有直角，容易解决密闭问题，而且四周受力均匀，池体较牢固。第三，我国北方气温较低，圆形沼气池置于地下，有利于冬季保温和安全越冬。第四，适于推广。无论南方、北方，建造圆形沼气池都有利于保证建池质量，做到建造一个，成功一个，使用一个，巩固一个，积极稳步地普及推广。“小”，是指主池容积不宜过大。“浅”，是为了减少挖土深度，也便于避开地下水，同时发酵液的表面积相对扩大，有利于产气，也便于出料。

（3）坚持直管进料

进料口加箅子、出料口加盖的原则。直管进料的目的是使进料流畅，也便于搅拌。进料口加箅子是为了防止人、畜陷入沼气池进料管中。出料口加盖是为了保持环境卫生，消灭蚊蝇滋生场所和防止人、畜掉进池内。

2. 沼气池的设计依据

设计沼气池，制订建池施工方案，必须考虑下列因素：

（1）选择池基应考虑土质

建造沼气池，选择地基很重要，这是关系到建池质量和池子寿命的问题，必须认真对待。由于沼气池是埋在地下的建筑物，因此，与土质的好坏关系很大。土质不同，其密度不同，坚实度也不一样，容许的承载力就有差异，而且同一个地方，土层也不尽相同。如果土层松软或是沙性土或地下水位较高的烂泥土，池基承载力不大，在此处建池，承受不了，必然引起池体沉降或不均匀沉降，造成池体破裂，漏水漏气。一般自然土层，每平方米容许承载力都超过 10t，在这样的自然土层上建造沼气池，是没有什么问题的。因此，池基应该选择在土质坚实、地下水位较低，土层底部没有地道、地窖、渗井、泉眼、虚土等隐患之处；而且池子与树木、竹林或池塘要有一定距离，以免树根、竹根扎入池内或池塘涨水时影响池体，造成池子漏水漏气；北方干旱地区还应考虑池子离水源和用户都要近些，若池子离用户较远，不但管理（如加水、加料等）不方便，输送沼气的管道也要很长，这样会影响沼气的压力，燃烧效果不好。此外，还要尽可能选择背风向阳处建池。

（2）设计池子应考虑荷载

确定荷载是沼气池设计中一项很重要的环节。所谓荷载，是指单位面积上所承受的重量。如果荷载过大，设计的沼气池结构截面必然过大，导致用料过多，造成浪费；如果荷载过小，设计的强度不足，就容易造成池体破裂。荷载的计算标准一般为：池身自重（按混凝土量计算）每立方米为 2.5t 左右，拱顶覆土每立方米为 2t 左右，池内发酵原料每立方米为 1.2t 左右，沼气池产气后池内每平方米受压为 1t 左右。此外，经常出现在池顶的人、畜等以最大量考虑为 1t 左右。所以，地基和承载力至少不能小于每平方米 8t。

（3）设计池子应考虑拱盖的矢跨比和池墙的质量

建造沼气池，一般都用脆性材料，受压性能较好，抗拉性能较差。根据削球形拱盖的内力计算，池盖矢跨比为 1 ： 5.35，是池盖的环向内力变成拉力的分界线，大于这个分界线，若不配以钢筋，池盖则可能破裂，因此，在设计削球形池拱盖时矢跨比（矢高与直径之比，矢高指拱脚至拱顶的垂直距离）一般在 1 ： 4 ～ 1 ： 6 之间；在设计反削球形池底时矢跨比为 1 ： 8 左右（具体的比例还应根据池子大小、拱盖跨度及施工条件等决定）。注意，在砌拱盖前要砌好拱盖的蹬脚，蹬脚要牢固，使之能承受拱盖自重、覆土和其他荷载（如畜圈、厕所等）的水平推力（一般说来，一个直径为 5m、矢跨比为 1：5、厚度为 10cm 的混凝土拱盖，其边缘最大拉力约为 10t），以免出现裂缝和下塌的危险，而且池墙必须牢固。池墙基础（环形基础）的宽度不得小于 40cm（这是工程构造上的最小尺寸），基础厚度不得小于 25cm。一般基础宽度与厚度之比，应在 1 ：（1.5 ～ 2）范围内。

# 第三节 污染终端稳定塘处理技术研究

稳定塘旧称氧化塘或生物塘，是一种利用天然净化能力对污水进行处理的构筑物的总称。其净化过程与自然水体的自净过程相似。通常是将土地进行适当的人工修整，建成池塘，并设置围堤和防渗层，依靠塘内生长的微生物来处理污水。主要利用菌藻的共同作用处理废水中的有机污染物。稳定塘污水处理系统具有基建投资和运转费用低、维护和维修简单、便于操作、能有效去除污水中的有机物和病原体、无须污泥处理等优点。

优点：在我国，特别是在缺水干旱的地区，生物氧化塘是实施污水的资源化利用的有效方法，所以稳定塘处理污水成为我国大力推广的一项新技术。

一是能充分利用地形，结构简单，建设费用低。采用污水处理稳定塘系统，可以利用荒废的河道、沼泽地、峡谷、废弃的水库等地段建设，结构简单，大都以土石结构为主，在建土地具有施工周期短、易于施工和基建费低等优点。污水处理与利用生态工程的基建投资约为相同规模常规污水处理厂的 1/3 ~ 1/2。

二是可实现污水资源化和污水回收及再利用，实现水循环，既节省了水资源，又获得了经济效益。稳定塘处理后的污水，可用于农业灌溉，也可在处理后的污水中进行水生植物和水产的养殖。将污水中的有机物转化为水生植物、鱼、水禽等的营养物质，提供给人们使用或其他用途。如果考虑综合利用的收入，可达到收支平衡，甚至有所盈余。

三是处理能耗低，运行维护方便，成本低。风能是稳定塘的重要辅助能源之一，经过适当的设计，可在稳定塘中实现风能的自然曝气充氧，从而达到节省电能、降低处理能耗的目的。此外，在稳定塘中无须使用复杂的机械设备和装置，这使稳定塘的运行更加稳定并保持良好的处理效果，而且其运行费用仅为常规污水处理厂的 1/5 ~ 1/3。

四是美化环境，形成生态景观。将净化后的污水引入人工湖中，用作景观和游览的水源。由此形成的污水处理与利用生态系统不仅成为有效的污水处理设施，而且成为现代化生态农业基地和游览的胜地。

五是污泥产量少。稳定塘污水处理技术的另一个优点就是产生的污泥量小，仅为活性污泥法所产生污泥量的 1/10，前端处理系统中产生的污泥可以送至该生态系统中的藕塘或芦苇塘或附近的农田，作为有机肥加以使用和消耗。前端带有厌氧塘或碱性塘的塘系统，通过厌氧塘或碱性塘底部的污泥发酵坑使污泥发生酸化、水解和甲烷发酵，从而使有机固体颗粒转化为液体或气体，可以实现污泥等零排放。

六是能承受污水水量大范围的波动，其适应能力和抗冲击能力强。我国许多城市污水的 BOD 浓度很小，低于 100mg/L，使活性污泥法尤其是生物氧化沟无法正常运行，而稳定塘不仅能够有效地处理高浓度有机物水，也可以处理低浓度污水。

缺点：一是占地面积过大；二是气候对稳定塘的处理效果影响较大；三是若设计或运行管理不当，则会造成二次污染；四是易产生臭味和滋生蚊蝇；五是污泥不易排出和处理利用。

## 一、运行原理

稳定塘以太阳能为初始能量，通过在塘中种植水生植物，进行水产和水禽养殖，形成人工生态系统，在太阳能（日光辐射提供能量）作为初始能量的推动下，通过稳定塘中多条食物链的物质迁移、转化和能量的逐级传递、转化，将进入塘中污水的有机污染物进行降解和转化，最后不仅去除了污染物，而且以水生植物和水产、水禽的形式作为资源回收，净化的污水也可作为再生资源予以回收再利用，使污水处理与利用结合起来，实现污水处理资源化。

人工生态系统利用种植水生植物和养鱼、鸭、鹅等形成多条食物链。其中，不仅有分解者生物即细菌和真菌，生产者生物即藻类和其他水生植物，还有消费者生物，如鱼、虾、贝、螺、鸭、鹅、野生水禽等，三者分工协作，对污水中的污染物进行更有效的处理与利用。如果在各营养级之间保持适宜的数量比和能量比，就可建立良好的生态平衡系统。污水进入这种稳定塘后，其中的有机污染物不仅被细菌和真菌降解净化，而且其降解的最终产物，即一些无机化合物作为碳源、氮源和磷源，以太阳能为初始能量，参与到食物网中的新陈代谢过程，并从低营养级到高营养级逐级迁移转化，最后转化成水生作物、鱼、虾、蚌、鹅、鸭等产物，从而获得可观的经济效益。

## 二、类型

按照占优势的微生物种属和相应的生化反应，稳定塘可分为好氧塘、兼性塘、曝气塘和厌氧塘四种类型。

### （一）好氧塘

好氧塘是一种主要靠塘内藻类的光合作用供氧的氧化塘。它的水深较浅，一般在 0.3 ~ 0.5m，阳光能直接透射到池底，藻类生长旺盛，加上塘面风力搅动进行大气复氧，全部塘水都呈好氧状态。按照有机负荷的高低，好氧塘可分为高速率好氧塘、低速率好氧塘和深度处理塘。高速率好氧塘用于气候温暖、光照充足的地区处理可生化性好的工业废水，可取得 BOD 去除率高、占地面积少的效果，并提供副产藻类饲料：低速率好氧塘通过控制塘深来减小负荷，常用于处理溶解性有机废水和城市二级处理厂出水。深度处理塘（精制塘），主要用于接纳已被处理为二级出水标准的废水，因而其有机负荷很小。

### （二）兼性塘

兼性塘的水深一般在 1.5 ~ 2m，塘内好氧和厌氧生化反应兼而有之。在上部水层中，白天藻类光合作用旺盛，塘水维持好氧状态，其净化能力和各项运行指标与好氧塘相同；在夜晚，藻类光合作用停止，大气复氧低于塘内耗氧，溶解氧急剧下降至接近于零。在塘底，由可沉固体和藻、菌类残体形成了污泥层，由于缺氧而进行厌氧发酵，称为厌氧层。在好氧层和厌氧层之间，存在着一个兼性层。兼性层是氧化塘中最常用的塘型，常用于处理城市一级沉淀或二级处理出水。在工业废水处理中，兼性塘常在曝气塘或厌氧塘之后作为二级处理塘使用，有的也作为难生化降解有机废水的储存塘和间歇排放塘（污水库）使用。由于它在夏季的有机负荷要比冬季所允许的负荷高得多，因而特别适用于处理在夏季进行生产的季节性食品工业废水。

### （三）曝气塘

为了强化塘面大气复氧作用，可在氧化塘上设置机械曝气器或水力曝气器，使塘水得到不同程度的混合而保持好氧或兼性状态。曝气塘有机负荷和去除率都比较高，占地面积小，但运行费用高，且出水悬浮物浓度较高，使用时可在后面连接兼性塘来改善最终出水水质。

### （四）厌氧塘

厌氧塘的水深一般在2.5m以上，最深可达4 ~ 5m。当塘中耗氧超过藻类和大气复氧时，就使全塘处于厌氧分解状态。因而，厌氧塘是一类高有机负荷的以厌氧分解为主的生物塘。其表面积较小，深度较大，水在塘中停留 20 ~ 50d。它能以高有机负荷处理高浓度废水，污泥量少，但净化速率慢、停留时间长，并产生臭气，出水不能达到排放要求，因而多作为好氧塘的预处理塘使用。

## 三、实际应用

稳定塘除了用于处理中小城镇的生活污水外，还被广泛用来处理各种工业废水。此外，由于稳定塘可以构成复合生态系统，而且塘底的污泥可以用作高效肥料，所以，稳定塘在农业、畜牧业、养殖业等行业的污水处理中也得到了越来越多的应用。特别是在我国西部地区，人少地多，氧化塘技术的应用前景非常广泛。

## （一）厌氧塘

1. 工作原理

厌氧塘的原理与其他厌氧生物处理过程一样，依靠厌氧菌的代谢功能，使有机底物得到降解。反应分为两个阶段：首先由产酸菌将复杂的大分子有机物进行水解，转化成简单的有机物（有机酸、醇、醛等）；然后产甲烷菌将这些有机物作为营养物质，进行厌氧发酵反应，产生甲烷和二氧化碳等。

2. 特点

优点：①有机负荷高，耐冲击负荷较强；②由于池深较大，所以占地少；③所需动力小，运转维护费用低；④储存污泥的容积较大；⑤一般置于塘系统的首端，作为预处理设施，在其后再设兼性塘、好氧塘甚至深度处理塘，做进一步处理，这样可以大大减小后续兼性塘和好氧塘的容积。

缺点：①温度无法控制，工作条件难以保证；②臭味大；③净化速率低，污水停留时间长。城市污水的水力停留时间为 30 ~ 50d。

3. 适用条件

对于高温、高浓度的有机废水有很好的去除效果，如食品加工、生物制药、石油化工、屠宰场、畜牧场、养殖场、制浆造纸、酿酒、农药等工业废水；对醇、醛、酚、酮等化学物质和重金属也有一定的去除作用。

4. 一般规定

（1）必须严格做好防渗措施。

（2）厌氧塘前要进行预处理。

（3）进水水质：进水中有机负荷不能过高。有机酸在系统中的浓度应小于 3000mg/L；进水硫酸盐浓度不宜大于 500mg/L；进水 BOD ∶ N ∶ P=100 ∶ 2.5 ∶ 1；C ∶ N 一般为 20 ∶ 1 左右；pH 值要介于 6.5 ~ 7.5 之间；进水中不得含有毒物质，重金属和有害物质的浓度也不能过高，应符合《室外排水设计规范》的规定。

## （二）兼性塘

1. 工作原理

兼性塘是最常见的一种稳定塘。兼性塘的有效水深一般为 1.0 ~ 2.0m，从上到下分为三层：上层好氧区、中层兼性区（也叫过渡区）、塘底厌氧区。好氧区的净化原理与好氧塘基本相同，藻类进行光合作用，产生氧气，溶解氧充足，有机物在好氧性异养菌的作用下进行氧化分解。

兼性区的溶解氧的供应比较紧张，含量较低，且时有时无。其中存在兼性细菌，它们既能利用水中的少量溶解氧对有机物进行氧化分解，在无分子氧的条件下，还能以 $NO_3^-$、$CO_3^{2-}$ 作为电子受体进行无氧代谢。

厌氧区内不存在溶解氧。进水中的悬浮固体物质以及藻类、细菌、植物等死亡后所产生的有机固体下沉到塘底，形成 10 ~ 15cm 厚的污泥层，厌氧微生物在此进行厌氧发酵和产甲烷发酵过程，对其中的有机物进行分解。在厌氧区一般可以去除 30% 的 BOD。

2. 特点

优点：①投资省，管理方便；②耐冲击负荷较强；③处理程度高，出水水质好。缺点：①池容大，占地多；②可能有臭味，夏季运转时经常出现漂浮污泥层；③出水水质有波动。

3. 适用条件

既可用来处理城市污水，也能用于处理石油化工、印染、造纸等工业废水。

4. 一般规定

（1）应该建在通风、无遮蔽的地方。

（2）预处理及对进水水质的要求：如果兼性塘作为第一级，则要求有定的预处理措施。具体规定与厌氧塘相同，唯一不同的是兼性塘要求进水中 BOD ∶ N ∶ P=100 ∶ 5 ∶ 1。

### （三）好氧塘

1. 工作原理

好氧塘内有机物的降解过程，实质上是溶解性有机污染物转化为无机物和固态有机物——细菌与藻类细胞的过程。好氧细菌利用水中的氧，通过好氧代谢氧化分解有机污染物，使之成为无机物 $CO_2$、$NH_4^+$ 和 $PO_4^{3-}$ 并合成新的细菌细胞。而藻类则利用好氧细菌所提供的二氧化碳、无机营养物以及水，借助光能合成有机物，形成新的藻类细胞，释放出氧，从而又为好氧细菌提供代谢过程中所需的氧。在好氧塘中，藻是生产者，好氧细菌是分解者。此外，好氧塘中存在的浮游动物以细菌、藻类和有机碎屑为食物，是初级消费者。生产者、分解者和消费者，与塘水共同组成一个水生生态系统，完成系统中物质与能量的循环和传递，从而使进塘的污水得到净化。

塘中的藻类，除在其光合作用中为污水的好氧降解提供溶解氧外，还能去除污水中的氮、磷营养物质，并能吸附一些有机质。

藻类的光合作用使塘水的溶解氧和 pH 呈昼夜变化。白天，藻类光合作用释放的氧，超过细菌降解有机物的需氧量，此时塘水的溶解氧浓度很高，可达到饱和状态；夜间，藻类停止光合作用，且由于生物的呼吸消耗氧，水中的溶解氧浓度下降，凌晨时达到最低。阳光再次照射后，溶解氧再逐渐上升。好氧塘的pH与水中$CO_2$浓度有关，受塘水中碳酸盐系统的$CO_2$平衡关系影响。

白天，藻类的光合作用使$CO_2$浓度降低，pH值上升；夜间，藻类停止光合作用，细菌降解有机物的代谢没有中止，$CO_2$累积，pH值下降。

2. 好氧塘的分类

（1）高负荷好氧塘

有机负荷较高，水力停留时间较短，塘水的深度较浅，出水中藻类含量高。

（2）普通好氧塘

有机负荷比前者低，水力停留时间较长。一般以处理污水为主要目的，起二级处理作用。

（3）深度处理好氧塘

有机负荷较低，水力停留时间也短。其目的是在二级处理系统之后，进行深度处理。

3. 特点

优点：①投资省；②管理方便；③水力停留时间较短，降解有机物的速率很快，处理程度高。

缺点：①池容大，占地面积多；②处理水中含有大量的藻类，需要对出水进行除藻处理；③对细菌的去除效果较差。

4. 适用条件

适用于去除营养物，处理溶解性有机物；由于处理效果较好，多串联在其他稳定塘后做进一步处理，处理二级处理后的出水。

5. 一般规定

（1）好氧塘应该建在温度适宜、光照充分、通风条件良好的地方。

（2）既可以单独使用，又可以串联在其他处理系统之后，进行深度处理。

（3）如果好氧塘用于单独处理废水，则在废水进入好氧塘之前必须进行彻底预处理。

### （四）曝气塘

1. 工作原理

曝气塘不是依靠自然净化过程为主，而是采用人工补给方式供氧，通常是在塘面上安装曝气机。其实际上是介于活性污泥法中的延时曝气法与稳定塘之间的一种工艺。

曝气塘可以分为以下两种类型：

（1）完全混合曝气塘（或称好氧曝气塘）。

（2）部分混合曝气塘（或称兼性曝气塘）。

2. 特点

优点：①体积小，占地少，水力停留时间短；②无臭味；③处理程度高，耐冲击负荷较强。

缺点：①运行维护费用高；②由于采用了人工曝气，所以容易起泡沫，出水中含固体物质多。

3. 适用条件

适用于处理城市污水与工业废水。

4. 一般规定

（1）排放前必须进行沉淀。

（2）完全混合曝气塘的出水经沉淀后污泥可回流，也可以不回流。

（3）曝气塘一般宜采用表面曝气机进行曝气，但在北方要采用鼓风曝气（一般由曝气机及曝气器组成）。

## （五）附属设施

1. 塘体位置及设计

（1）稳定塘位置应设在居民区下风向 200m 以外。

（2）塘体一般设为矩形，拐角处应做成圆角。

（3）塘体的设计应考虑抗冲击和抗破坏要求。

（4）若采用多级稳定塘系统，则各级稳定塘之间应考虑超越设置。

2. 堤顶宽度及坡度

堤顶宽度最小为 1.8 ~ 2.4m，一般不小于 3m，堤岸的外坡度为 1 ：（3 ~ 5），堤岸的内坡度为 1 ：（2 ~ 3）。

3. 塘底要求

（1）应充分夯实，并且尽可能平整，塘底的竣工高差不得超过 0.5m。

（2）曝气塘表面曝气机的正下方塘体必须用混凝土加固。

（3）必须采取防渗措施。

4. 进、出水口

（1）进水口的设计原则：尽量避免在塘内产生短流、沟流、反混合死区，使塘内水流状态尽可能接近推流，以增加进水在塘内的平均停留时间。一般的矩形塘，进水口宜设置在 1/3 池长处。在少数情况下，稳定塘采用方形或圆形，进水口宜设置在接近中心处。

（2）出水口的布置原则：应考虑能适应塘内不同水深的变化要求，宜在不同高度的断面上，设置可调节的出流孔口或堰板。在稳定塘出水口前，应设置浮渣挡板。但是在深度处理塘前，不应设置挡板，以免截留藻类。

（3）对于多级稳定塘，在各级稳定塘的每个进、出水口均应设置单独的闸门。

（4）进、出水口宜采取多点进水、多点出水，尽量使塘的横断面上配水均匀。

（5）进水口和出水口之间的直线距离应尽可能大，通常采用对角线布置。

（6）进、出水口至少应距塘面 0.3m。厌氧塘进水口应接近底部的污泥层。

（7）进水口至出水口的方向应避开当地常年主导风向，以防止臭气污染。

5. 曝气塘的充氧设施

（1）如果曝气塘的进水口高程与塘的水面高程有一定的高差，则可考虑利用此高差进行跌水充氧。若高差较大，应建造多级跌水。

（2）曝气塘的人工充氧设备与其他好氧工艺相同。比如在活性污泥法和氧化沟工艺中广泛采用的鼓风曝气机、表面曝气机、水平轴转刷曝气机等，均可用于曝气塘的充氧。

# 参考文献


[1] 赵景联，刘萍萍．环境修复工程 [M]. 北京：机械工业出版社，2020.

[2] 刘红丹，金信飞，徐坚．宁波市海洋生态修复实践与发展（海洋生态文明建设丛书）[M]. 北京：海洋出版社，2020.

[3] 胡筱敏，王凯荣．环境学概论（第2版全国高等院校环境科学与工程统编教材）[M]. 武汉：华中科技大学出版社，2020.

[4] 李晓勇．污染场地评价与修复 [M]. 北京：中国建材工业出版社，2020.

[5] 雷泽湘，谢勇．生态环境野外综合实习教程 [M]. 武汉：华中科学技术大学出版社，2020.

[6] 曹文平，郭一飞，吕炳南．环境工程导论 [M]. 哈尔滨：哈尔滨工业大学出版社，2017.

[7] 蔡立哲．滨海湿地环境生态学（厦门大学南强丛书）[M]. 厦门：厦门大学出版社，2020.

[8] 冯辉．工业纳污坑塘应急治理与综合修复 [M]. 天津：天津大学出版社，2020.

[9] 徐威，赵鑫，田晓燕．环境微生物学（普通高等院校环境科学与工程类系列规划教材）[M]. 北京：中国建材工业出版社，2017.

[10] 赵文，魏杰．水产养殖学 [M]. 大连：大连出版社，2020.

[11] 薛祺．黄土高原地区水生态环境及生态工程修复研究 [M]. 郑州：黄河水利出版社，2019.

[12] 许建贵，胡东亚，郭慧娟．水利工程生态环境效应研究 [M]. 郑州：黄河水利出版社，2019.

[13] 王夏辉，王波，何军．山水林田湖草生态保护修复基本理论与工程实践 [M]. 北京：中国环境出版集团，2019.

[14] 刘冬梅，高大文．生态修复理论与技术 [M]. 哈尔滨：哈尔滨工业大学出版社，2019.

[15] 李玉超．水污染治理及其生态修复技术研究 [M]. 青岛：中国海洋大学出版社，2019.

[16] 席永慧．环境岩土工程学 [M]. 上海：同济大学出版社，2019.
[17] 许鹏辉．基于持续和谐发展的环境生态学研究 [M]. 北京：中国商务出版社，2019.
[18] 王丛霞．生态立区战略 [M]. 银川：宁夏人民出版社，2019.
[19] 王现丽，毛艳丽．生态学 [M]. 徐州：中国矿业大学出版社，2017.
[20] 左志武．山东半岛公路生态建设和修复工程技术及实践 [M]. 青岛：中国海洋大学出版社，2017.
[21] 温泉，宋俊德，贾威．水土修复技术 [M]. 长春：吉林大学出版社，2017.
[22] 胡荣桂，刘康．环境生态学 [M]. 武汉：华中科技大学出版社，2018.
[23] 李红旭，马玉春．滇池面山森林植被生态修复研究 [M]. 昆明：云南科技出版社，2017.
[24] 施维林．土壤污染与修复（普通高等院校环境科学与工程类系列规划教材）[M]. 北京：中国建材工业出版社，2018.
[25] 陈友媛，吴丹，迟守慧．滨海河口污染水体生态修复技术研究 [M]. 青岛：中国海洋大学出版社，2018.
[26] 李燃，常文韬，闫平．农村生态环境改善适用技术与工程实践 [M]. 天津：天津大学出版社，2018.
[27] 郭佳奇，梁一宁，李永峰．环境工程微生物学试题精选及其解答 [M]. 哈尔滨：哈尔滨工业大学出版社，2018.
[28] 盛姣，耿春香，刘义国．土壤生态环境分析与农业种植研究 [M]. 西安：世界图书出版西安有限公司，2018.
[29] 步秀芹．广西环境保护和生态建设“十三五”规划 [M]. 南宁：广西人民出版社，2018.
[30] 朱喜，胡明明．河湖生态环境治理调研与案例 [M]. 郑州：黄河水利出版社，2018.
[31] 胡辉．环境影响评价 第 2 版 [M]. 武汉：华中科技大学出版社，2017.
[32] 廖润华，梁华银，鲁莽．环境治理功能材料 [M]. 北京：中国建材工业出版社，2017.